생명과학,
공학을 만나다

생명과학, 공학을 만나다

펴낸 곳 | 나녹那碌

펴낸이 | 형난옥

지은이 | 유영제

기획 | 형난옥

편집 | 김보미

교열 | 송경란

본문 디자인 | 김용아

표지 디자인 | 유신영

초판 1쇄 발행 | 2019년 12월 20일

초판 7쇄 발행 | 2024년 6월 15일

등록일 | 제 300-2009-69호 2009. 06. 12

주소 | 서울시 종로구 평창 21길 60번지

전화 | 02- 395- 1598 팩스 | 02- 391- 1598

ISBN   978-89-94940-90-8   (43470)

저자 이메일 | yjyoo@snu.ac.kr

인공지능과 바이오 시대를 위한 생명과학 이야기

생명과학, 공학을 만나다

유영제 지음

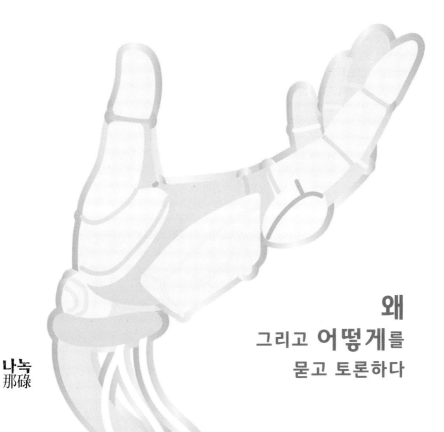

왜
그리고 **어떻게**를
묻고 토론하다

나녹
那碌

머리말

미래사회에서 바이오 분야가 중요한 역할을 할 것이라고 한다. 4차 산업혁명시대에 접어든 오늘, 인공지능과 함께 바이오 기술이 사회 전반에 이용되는 바이오 사회(bio society)가 시작되었다. 이러한 바이오 사회를 만들고 이끌어 가려면 생명과학과 생명공학을 이해하고 좋아하는 인재가 필요하다. 인재는 교육을 통하여 길러진다.

특별히 과학교육이 중요한데, 일부 학교를 제외하고 과학교육이 제대로 이루어지지 않는 것으로 알고 있다. 그렇다 하더라도 앞으로 다가올 인공지능과 바이오 시대에는 과학에 흥미가 있고 학문적 기초가 단단한 인재가 필요하다. 그래야 새로운 것을 찾아내고 만들 수 있으며 융합적 사고를 할 수 있기 때문이다.

미래사회를 이끌어갈 우리 청소년에게 과학공부는 필수다. 제대로 된 과학 교육, 특별히 생명과학 교육을 제대로 받을 수 있도록 해주어야 한다. 실험에 관련된 내용을 쉽게 학습할 수는 없지만, '왜 그럴까?'라는 질문을 하면서 호기심을 충족시키는 것은 의미 있는 공부가 된다. 또 여기서부터 과학기술 발전이 시작된다고 볼 수 있다. 그 다음에는 '이것을 어떻게 활용할 수 있을까'를 생각해 봐야 한다. 어려운 공학의 내용을 학습하는 것이 아니라 '어떻게 활용할까'를 생각해 보는 것이다. 그래서 이 책의 내용과 순서를 배경- 과학(심화내용 포함) - 공학(응용 포함) - 열린 질문(open question) 순으로 구성하였다. 생명과학의 모든 내용을 다 알 필요는 없다. 하나를 제대로 이해하고 깊이 파고들며 생각해 보자. 그러한 자세와 사고방식이 되어 있다면, 나머지는 필요할 때 그렇게 하면 된다.

그래서 생명과학 분야에서 중요하다고 생각되는 소주제를 50가지 택하여 기술하였다.

많은 이들이 4지 선다형 문제에서 답을 고르는 데 익숙해져 있을 것이다. 논리적으로 가장 적합한 것을 고르는 것도 의미가 있지만, 더 중요한 것은 어떤 주제나 질문에 대하여 나름대로 설명하는 것이다. '왜 그럴까', '어떻게 활용할까'라고 기본적인 질문을 하는 습관을 가져야 한다. 본문에 나온 열린 질문을 따라 자유로운 생각을 해보자. 답은 하나만 있는 것이 아니다. 여러 개의 답이 있거나 답이 없는 경우도 있을 것이다.

자유로운 사고, 비판적인 사고가 창조의 시작이다. 주어진 질문에 답하기보다 더 중요한 것은 질문을 만들고 스스로 그 답을 찾아가는 것이다. 이 책에서는 한 이슈에 대하여 몇 개의 질문을 하였다. 이 책에 나와 있는 질문에 답하는 것도 중요하지만 저자와는 다른, 새로운 질문을 하고 이에 답하려고 노력하는 것도 필요하고 바람직한 활동이다. 더 많은 이슈에 대하여, 더 많이 질문하고, 더 많이 생각하는 것이 나는 물론이고 우리 사회를 발전시키는 출발점이 된다.

청소년에게 생명과학/생명공학의 주요 개념과 관련 이슈를 소개하는 데 1차적인 목표를 두고 『공통과학』, 『생명과학 1』, 『생명과학 2』 등의 교과서를 참고하였다. 그러나 실제 이 책의 내용과 범위는 독자의 호기심을 고려하여 한계를 두지 않았다. 최근의 관심사와 생활 관련 이슈를 포함시켰다. 실험의 경우 이 책에서는 몇몇 이슈만 제기하는 정도로 하고, 최근 많이 보급된 STEAM(Science, Technology, Engineering, Arts, Mathematics) 개념과 내용을 포함시키고자 하였다. 그런만큼 이 책은 일반독자도 생명과학과 공학을 이해하고, 과학적 사고를 갖는 데 도움이 될 것이다. 책을 읽다가 어렵거나 잘 모르는 용어가 나오면 인터넷이나 관련 자료를 찾아보면 좋겠다. 개념을 확실하게 하는 것이 중요하기 때문이다.

생명과학은 생명 현상을 설명하는 학문으로서 왜 그럴까, 어떤 과정으로 그렇게 되는가를 탐구한다. 생명공학은 생명과학으로 알아낸 사실을 인류를 위해 어떻게 활용할 것인가를 연구하는 학문이다. 질병, 식량, 환경과 에너지, 소재 생산 등에 관한 탐구내용의 활용에 초점을 두다 보면 계속하여 과학적 호기심이 새롭게 생긴다. 이러한 과정을 거치면서 과학과 공학은 같이 발전할 수 있다.

어떤 현상에 대하여 '왜'라는 질문을 하다 보면 어떤 아이디어가 떠오를 때가 있다. 그 아이디어에 관한 실험방법을 생각하며 테스트하다 보면 자연의 현상을 과학적으로 설명하게 된다. 예를 들면 '물고기의 등은 왜 미끄러울까'를 생각하다 보면 물리적인 현상과 연계하여 생각하게 된다. 그 다음 단계로 물속에서 물의 저항을 줄일 수 있는 원리를 응용하는 아이디어도 떠올릴 수 있다. 이렇게 과학과 공학을 연계시켜서 공부하고 생각하면, 호기심(curiosity)은 발견과 발명의 원동력이 되어줄 것이다. 이제부터라도 호기심을 억누르지 말고 마음껏 상상하고 연구하도록 하자.

이런 과정에서 논리적으로 생각하고, 문제를 해결하는

능력을 기를 수 있다. 이러한 훈련은 우리 사회에서 살아갈 수 있는 지혜를 터득하고 우리 사회를 건전하게 발전시키는 원동력의 역할을 할 것이다. 따라서 오늘날 우리에게 필요한 것은 과학적 사고다.

독자들이 이 책을 읽는 동안 어떤 주제에 대하여 묻고 그 답을 생각하면서 생명과학과 공학에 대한 관심을 키우고 비전(vision)을 만들어 가기를 바란다. 그래서 나라 발전에 공헌할 수 있기를 기대한다.

이 책을 위하여 조언해 준 많은 분들에게 감사드린다.

특히 이 책의 중요성을 공감하고 조언을 해주며 쾌히 출판해주신 출판사 대표와 관계자들께 감사드린다.

2019. 7
관악산 연구실에서
지은이 유영제

차례

1

생명 활동과 영양소

단것이 당긴다 : 감미료

거식증으로 세상을 떠난 유명인의 이야기를 가끔 기사로 접할 때가 있다. 거식증(anorexia nervosa)이란 무엇인가? 장기간, 심각할 정도로 음식을 거절함으로써 나타나는 신경성 식욕부진증이다. 거식증이 심하게 되면 불안해지는 강박관념이 생기고, 신체의 대사 작용이 제대로 안 되어 심할 경우 사망에 이르기도 한다. 달콤한 것, 입맛 당기는 음식을 너무 많이 먹어 살이 찐 상태에서 무리하게 살을 빼려고 할 때 나타날 수 있다.

우리는 단 음식을 좋아한다. 오래전부터 피곤하면 꿀물을 마시곤 했다. 꿀물이 쌀밥보다 피로 해소에 효과가 있다고 생각해왔기 때문이다. 쌀밥의 주성분

꿀은 주성분이 과당으로서 단맛이 강하다. 그래서 단 음식을 가리켜서 꿀맛이라고 한다.

인 녹말은 소화효소에 의하여 포도당으로 분해된 후 몸속에 흡수되어 세포 내에서 사용되기까지 시간이 걸린다. 실제로 대사작용에 빨리 사용되는 것은 단당류인 포도당이나 꿀의 주성분인 과당이다[예전에는 별도의 포도당 제품은 없었다]. 꿀은 주성분이 과당이라서 단맛이 강하다. 그래서 단 음식을 먹고 느끼는 맛을 꿀맛이라고 한다.

#과학·단것이 당기는 이유

쌀밥을 오래 씹으면 단맛이 난다. 이 현상을 어떻게 설명할 수 있을까? 단 음식의 주재료로는 포도당, 과당, 설탕이 대표적이다. 포도당, 과당, 설탕은 어떻게 다를까?

쌀밥을 오래 씹으면 침 속의 효소인 아밀라아제(amylase, 녹말 가수분해효소)에 의하여 밥 속의 녹말이 포도당으로 바뀐다. 이 포도당은 단맛을 낸다. 대표적으로 단 음식인 꿀의 주성분은 과당이다. 사탕수수로부터 생산되는 설탕은 포도당과 과당의 화합물이다. 설탕의 감미도를 1.0이라고 하면 과당은 1.5 정도, 포도당은 0.7 정도의 감미도를 갖는다.

왜 단것이 당기는 것일까? 단것을 많이 먹으면, 개인차는 있지만, 살찐다고 한다. 사람들은 대부분 살찐 것을 싫

어한다. 그래서 단것을 줄이고 밥을 덜 먹으려고 한다. 다이어트(diet)를 하는 것이다. 단것을 많이 먹으면 살찐다고 하는데, 이 현상을 설명하자면?

우리 몸에는 에너지가 필요하다. 에너지화가 가장 빠른 것으로 포도당, 과당 그리고 이들의 화합물인 설탕이 있는데, 모두 단맛을 낸다. 필요한 에너지를 빨리 확보하려고 단 것이 당기고 그래서 단것을 좋아하는 것이다. 에너지를 확보한 후 빨리 소비하지 않으면 이 에너지는 우리 몸에 글리코겐 형태나 지방 형태로 저장된다. 에너지가 필요할 때면 글리코겐이 포도당으로 전환되어 사용된 다음에 지방이 사용된다. 에너지를 소비하지 않으면 지방은 그대로 저장되는데, 이것이 누적되면서 살찌게 되는 것이다.

단 것을 많이 먹으면 왜 살이 찔까?

#공학 · 엿의 성분과 단맛

오래전에 사랑받았던 간식 중에 울릉도 호박엿이 있다. 엿은 무엇인가?

엿은 대표적인 단 음식이다. 특히 호박엿은 호박에 있

는 당분을 이용한 간식이다. 엿은 일반적으로 밥[주성분:녹말]을 가수분해하여 만든다. 호박에도 녹말이 많이 들어있다. 이 과정에서 녹말은 먼저 올리고당으로 바뀐다. 올리고당을 더 분해하면 포도당이 된다. 엿의 주성분은 올리고당이다. 올리고당은 포도당분자가 여러 개 붙은 화합물이기 때문에 녹말보다 단맛이 강하다. 또 씹으면 입속 침 안에 있는 소화효소에 의하여 포도당으로 분해되어 단맛을 더하게 된다.

포도당과 과당의 혼합물을 이성화당 또는 HFCS(high fructose corn syrup)이라고 한다.

이성화당이란 무엇인가?

옥수수(corn)는 주성분이 녹말인데 분해되면 시럽(syrup) 형태가 되고, 최종적으로는 포도당이 된다. 그리고 포도당을 효소로 반응[이성화반응이라고 한다] 시키면 과당과 포도당의 혼합물이 만들어지는데, 이것을 이 성 화 당(high fructose corn

호박엿은 호박에 있는 당분을 이용한 간식이다.

syrup)이라고 한다.

이 이성화반응은 가역적으로 일어나므로 100% 전환되지 않고 평형상태에서 반응을 마친다. 포도당과 과당의 혼합물이 얻어진다. 한때 설탕 가격이 올라가면서 설탕을 대체하는 감미료로 이성화당이 많이 생산되었다.

포도당과 과당의 화합물인 설탕은 포도당과 과당의 혼합물인 이성화당과 어떻게 다를까?

각각 화합물과 혼합물이라는 점에서 서로 다르다. 화합물인 설탕은 상온에서 고체로 만들어 판매되지만, 혼합물인 이성화당은 분말로 만들려면 비용이 많이 들기 때문에 상온에서 액체로 만들어져 판매된다. 감미도(sweetness)는 이성화당이 설탕보다 조금 낮다.

단맛은 측정할 수 있을까?

우리 입속에는 단맛을 감지하는 수용체(receptor)가 있다. 단맛이 있는 분자가 수용체 단백질에 결합하면 여기에서 신호가 뇌로 전달되어 단맛을 느낀다. 이러한 원리를 이용하면 단맛을 측정하는 인공센서를 만들 수 있다. 최근 맛이나 냄새를 측정하기 위한 다양한 센서의 연구개발이 국내외에서 진행되고 있다.

열린 질문

감미료(저칼로리 감미료 포함)를 먹지 않고 단맛을 느낄 수 있는 방법이 있을까? 단맛을 측정할 수 있는 방법과 연계하여 생각해보자.

단맛을 내는 감미료에는 무엇이 있을까?

우리나라의 전통적인 감미료로 꿀, 엿, 그리고 식혜를 들 수 있다. 식혜는 쌀로 밥을 하여 만드는 것이다. 밥에 엿가루를 넣어서 따뜻하게 해주면 밥에 있는 녹말 성분이 올리고당과 포도당으로 바뀐다. 그리고 밥에서 녹말이 빠진 밥알은 가벼워져 물에 뜨게 된다. 이렇게 만들어진 것이 바로 식혜다. 최근 다양한 감미료가 알려져 있다. 이성화당, 올리고당, 스테비아, 알룰로스, 사카린, 자일로스, 소비톨, 아스파탐 등이다. 그중에서 아스파탐(aspartame)은 아미노산 두 개가 결합한 것이다. 아스파탐은 우연히 발견되었는데, 아미노산이라 칼로리가 높지 않기 때문에 다이어트용이나 당뇨병 환자의 감미료 등으로 사용된다.

2

탄수화물의 이해

가을날 산에 가면 도토리가 많이 떨어져 있는 것을 볼수 있다. 이 도토리를 주워서 도토리묵을 만들어 먹는다. 그런데 등산로 입구에 가면 "도토리는 다람쥐 등 산에 사는 동물의 먹이이니 가져가지 마세요."라는 안내문을 접할 수 있다. 그런데도 일부 등산객은 도토리를 주워 간다. 그래서 대학에 '도토리 수호대'까지 생겨났다.

최근 먹는 것에 관련된 방송 프로그램이 많이 늘었다. 먹는 것이 그만큼 중요하기 때문일 것이다. 먹기 위해서 산다고도 하고 살기 위해서 먹는다고도 한다. 매일 밥을 먹는 것은 과학적인 용어로 표현하면 탄수화물을 비롯한 영양소를 섭취하는 것이다. 영양소는 우리가 움직이고 생각하며 생명을 유지하고 활동하는 데 필요한 에너지를 공급해 준다. 특히 탄수화물(carbohydrate)은 3대 영양소(탄수화물, 단백질, 지방)의 하나다. '밥심으로 산다'라는 말은 이에 잘 어울리는 표현이다. 밥의 주성분이 탄수화물이기 때문이다.

탄수화물을 많이 포함한 것으로 쌀, 밀, 고구마, 감자 등이 있다. 탄수화물은 분자의 크기와 결합 형태에 따라 단당류, 이당류, 다당류 등으로 구분한다. 단당류에는 포도당(glucose), 과당(fructose), 갈락토스(galactose) 등이 있고, 단당류가 2개 결합된 이당류에는 설탕(sucrose), 젖당(lactose), 엿당(maltose), 셀로바이오스(cellobiose) 등이 있으며, 다당류에는 녹말(starch), 셀룰로오스(cellulose), 아가로스(agarose) 등이 있다. 녹말과 같은 탄수화물은 분해되어 에너지원과 대사 작용의 출발물질로 사용된다.

#과학 · 이당류와 다당류의 차이

이당류와 다당류를 각각 설명하면?

이당류(disaccharide)는 단당류(monosaccharide)가 2개 결합한 탄수화물이다. 이 중에서 설탕은 포도당과 과당의 화합물이고 엿당은 포도당 두 분자가 결합한 것이며, 젖당은 포도당과 갈락토스가 결합한 것이고, 셀로바이오스는 포도당

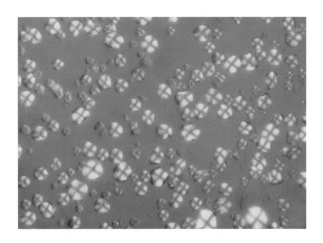

800배 확대해 본 녹말. 십자 모양이 특징이다.

두 분자가 결합한 것이다.

다당류(polysaccharide)는 단당류가 여러 개 결합된 것으로 녹말, 셀룰로오스, 헤미셀룰로오스(hemicellulose), 아가로스 등이 있다.

생물체는 몇 개의 분자를 다양한 방법으로 결합하여 여러 가지 용도로 활용한다. 녹말과 셀룰로오스는 모두 포도당으로 되어있다. 둘은 어떤 점에서 차이가 나는 것일까?

결합방식에서 서로 다르다. 녹말은 포도당이 3차원 구조로 결합한 것으로, 셀룰로오스는 포도당이 평면 구조로 결합되어 있다[공간에 구조를 그려보면 이해가 잘 된다]. 이런 구조적

차이로 인해 생기는 물리적 강도, 효소에 의한 분해 용이
성 등에서 차이가 난다.

#공학 · 다당류를 소화시키는 방법

우유를 먹으면 소화를 잘못시키는 사람들이 있다[유당불
내증, lactose intolerance라고 한다]. 특히 동양인에게 많다고 하는데,
그 이유는 우유 속의 젖당을 단당류로 분해하는 효소가 없
기 때문이다. 우유를 먹을 때 이 문제를 어떻게 해결하면
좋을까?

우유 속의 젖당을 단당류로 분해
한 우유제품을 먹거나[실제로 이렇
게 만든 것을 판매한다], 우유를 분
해하는 효소를 같이 우유에
섞어서 먹을 수도 있다. 또,
우리 몸에 우유를 분해하는
유전자를 넣어주는 방법도 있
을 것이다. [그렇게까지 할 필요가 있을까?]

목질계 나무나 풀을 이루는 주요
탄수화물은 셀룰로오스, 헤미셀룰로

면섬유는 다당류의 90% 이
상이 셀룰로오스인 천연의
셀룰로오스다.

오스, 리그닌 등이다. 왜 3가지 성분으로 되어 있을까? 또 각 성분은 어떤 역할을 할까?

셀룰로오스는 6탄당이고 헤미셀룰로오스는 5탄당의 고분자 화합물이며, 리그닌(lignin)은 방향족 화합물이 포함된 고분자화합물이다. 셀룰로오스는 나무의 구조를 지탱해주고, 헤미셀룰로오스는 이러한 셀룰로오스를 보조해주며, 리그닌은 그것들을 단단히 연결시켜주는 접착제 역할을 한다. 마치 철근콘크리트 건물에서 철근, 철근을 엮어주는 쇠줄, 그리고 콘크리트에 비교할 수 있다.

도토리의 주성분과 미역의 끈적끈적한 성분 모두 다당류이다. 우리 몸은 다당류를 분해시키는 소화효소가 없기에 이런 다당류는 쉽게 소화되지 않는다. 그래도 묵을 만들어 먹고 미역으로 국을 끓여 먹는 것이다. 이렇게라도 다당류를 섭취하면 무엇이 좋은가?

도토리나 미역에는 다당류 이외에 다양한 영양소가 들어 있다. 예를 들면 미역에는 요드화합물이 있어 피를 맑게 해준다고 알려져 있는데, 예로부터 산후조리를 위해 산모들이 미역국을 먹는다. 또 생일이 되면 이를 기념하여 미역국을 먹는다. 다당류는 포만감을 주고 소화가 안 되니 다이

어트에도 효과가 있다. 또 다당류는 중금속을 흡착하는 능
력이 있어 음식으로 섭취하면 우리 몸에 들어온 중금속을
흡착하여 변의 형태로 빼낸다.

 열린 질문

사람은 녹말을 분해하여 포도당으로 만들고 이를 우리 몸의
대사 작용에 사용한다. 초식동물은 풀을 분해하여 포도당으
로 만들어 역시 대사 작용에 사용한다. 우리 인간이 풀을 먹고
소화시킬 수 있다면 어떤 일이 생길까? 그렇게 할 수 있는 방
법은 무엇일까?

3

에너지원 : 지방

디젤 연료(diesel fuel)는 1897년에 독일의 루돌프 디젤(Rudolf Diesel, 1858~1913)이 발명한 자동차 엔진[디젤 엔진이라고 한다] 연료다. 초창기에는 디젤 연료를 식물성기름(콩기름)으로 만들었으나, 석유(petroleum)를 정제하는 기술 개발로 정유공장에서 디젤 연료를 생산하게 되었다. 최근에는 디젤 연료가 연소하면서 내뿜는 이산화탄소가 지구온난화의 주원인으로 알려지면서 식물성기름으로 디젤 연료[바이오디젤이라고 함]를 다시 생산하여 사용하고 있다. 이러한 바이오디젤도 연소하면 이산화탄소를 발생시킨다. 하지만 원료가 되는 식물이 성장하는 과정에서 이산화탄소를 광합성에 이용하기 때문에 전체적으로 이산화탄소 발생이 거의 없다. 그래서 바이오디젤을 친환경 에너지라고 한다.

자동차는 휘발유, 디젤, 수소, 전기 에너지 등 다양한 에너지를 이용해 움직인다. 로봇은 전기에너지로 움직인다. 그렇다면 우리 인간은 무엇을 에너지로 하여 움직이는가? 우리 몸을 구성하는 물질은 상당히 많고 다양하다. 그 중에

서 가장 많은 부분을 차
지하는 것이 탄수화물,
단백질 그리고 지방이
다. 이 셋은 우리 몸에
서 중요한 기능을 담당
하는데 특히 에너지 대
사(energy metabolism)에 작용
하는 3대 영양소이다.
대략 포도당은 4kcal/g,
단백질은 4kcal/g, 지방

은 9kcal/의 에너지를 저장한다. 지방의 에너지 함량이 제
일 높다. 지방(fat)은 에너지원으로서, 신진대사에 필요한 스
테로이드(steroid) 합성 등에 사용되는 중요한 영양소이다.

#과학 · 지방의 역할과 나잇살의 관계

지방은 산소와 반응(연소)시키면 열이 발생한다. 이것에
서 지방이 가지고 있는 에너지양을 알 수 있다. 지방은 어
디에 에너지가 저장되는 것일까?

지방은 지방산과 글리세롤이 결합한 유기 화합물로 탄

소(C), 수소(H), 산소(O) 등의 분자로 이루어져 있다. 분자가 화학결합을 할 때 에너지가 필요하므로 여기에 에너지가 저장된다. 유사한 것으로 ATP, ADP, AMP 화합물이 있는데, 이때 포스페이트phosphate 결합에 에너지가 저장된다고 할 수 있다. 화학결합을 통해 에너지가 저장되는 것이다.

나이가 들면 우리 몸에 지방이 많이 축적되는데 이것을 나잇살이라고 부른다. 나이 들수록 배가 나오는 것도 이 때문이다. 왜 나이가 들면 배에 지방이 많이 축적되는가?

나이가 들면 대사 작용이 젊었을 때보다 느려진다. 원시시대를 생각해 보자. 사냥으로 식량을 구하던 때이므로 나이가 들면 사냥하러 나가기 어려웠을 것이다. 따라서 기회가 있을 때 에너지를 더 많이 비축해야 했을 것이다. 그래서 대사 작용의 속도가 느려지면 에너지 저장 기능이 올라간다. 균형 있는 식사를 하고 적절한 운동을 하여 에너지

를 소모하면 살은 찌지 않는다.

탄수화물은 에너지원으로 왜 필요한가? 지방 대신에 포도당이 왜 에너지원으로 관여할까? 포도당은 우리 몸에 어떻게 저장될까?

포도당은 지방보다 에너지로 바꾸기 쉽다. 포도당은 간에 글리코겐 *원시시대를 생각해 보자. 사냥으로 식량을 구하던 때이므로 나이가 들면 사냥하러 나가기 어려웠을 것이다. 따라서 기회가 있을 때 에너지를 더 많이 비축해야 했을 것이다.*

이라는 고분자화합물로 저장된다. 그러다가 포도당이 필요할 때면 글리코겐을 포도당으로 분해하여 사용한다. 탄수화물은 분해되면 포도당이 되어 우리 몸의 대사 작용에 관여한다. 포도당은 이산화탄소와 물로 분해되는데, 이 과정에서 ATP(아데노신3인산) 형태의 에너지가 축적되고 이 ATP는 다른 대사 작용에 필요한 에너지를 공급한다.

포도당 + 산소 → 이산화탄소 + 물 + 38 ATP

ATP에 $38 \times 7,300 = 277,400$ cal/mole의 에너지가 저장된다. 이것은 포도당을 연소시켜서 얻는 에너지 686,000 cal/mole의 40 %에 해당한다.

#공학 · 지방과 디젤 연료의 관계

지방이나 이와 유사한 분자구조의 화합물에서 에너지를 얻을 수 있다. 대표적인 것이 디젤 연료다. 디젤 연료는 어떻게 만드는가?

디젤 연료는 지방을 메탄올과 반응시켜 만든다. 반응시키면 디젤과 글리세롤이 얻어진다.

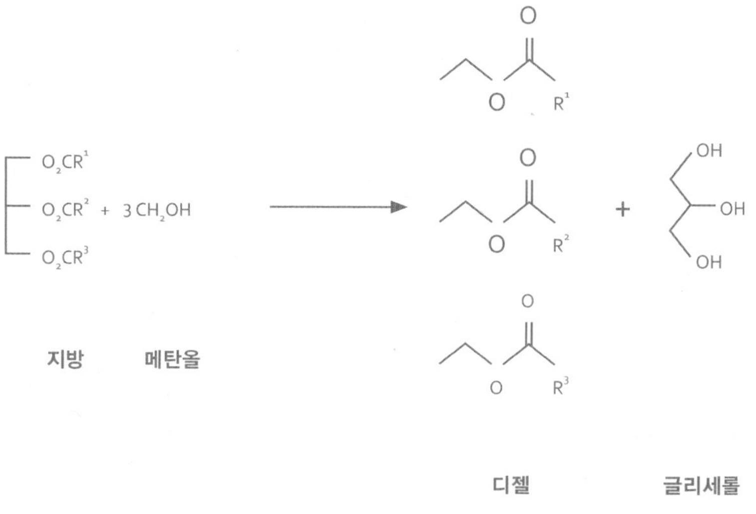

그림 1.3 바이오디젤 합성 반응

우리가 얻을 수 있는 지방에는 크게 식물성기름과 동물성기름이 있다. 식물성기름에는 콩기름, 유채유, 야자유, 폐식용유 등이 있는데, 이를 사용하여 바이오디젤을 생산하므로 친환경적이라고 할 수 있다. 실제로는, 일부 원료가 되는 식물을 재배하기 위하여 열대우림을 파괴하고 있어 환경문제가 되기도 한다. 또 식물성기름으로 만든 바이오디젤도 연소하면 이산화탄소를 발생시킨다. 이런 점에서 바이오디젤을 친환경적이라고 할 수 있을까? 친환경적인 바이오디젤을 생산하려면 어떻게 해야 할까?

4

호흡과 에너지 대사

맛있는 음식을 먹는 것은 인생에서 큰 즐거움이다. 오래전 로마 귀족들은 먹는 것을 즐겼다. 그들은 배가 부르면 화장실에 가서 먹은 것을 토하고 와서 또 먹었다고 한다. 이와 달리 알약 하나만 먹고 밥을 안 먹어도 되기를 바라는 사람들도 있다. 먹는 즐거움도 있지만, 필요하면 알약만 먹고 살 수 있는 수단도 필요하다. 우리가 활동하는 데 필요한 최소한의 에너지는 있어야 하기 때문이다.

우리는 숨을 쉰다. 이렇게 호흡을 해야 살 수 있기 때문이다. 호흡이 끊어지면 심각한 상황이 발생한다. 호흡이란 무엇인가? 호흡을 통해 산소를 들이마시고 이산화탄소를 내보내면서 유기물을 분해하는데, 이때 우리 몸은 에너지를 얻는다.

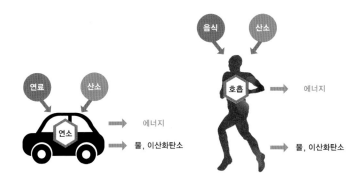

그림 1.4(1) 호흡은 연소 작용과 유사하다.

#과학 · 호흡으로 만들어지는 에너지

호흡으로 에너지가 어떻게 만들어지는가? 숨 쉬는 과정을 구체적으로 설명하면?

호흡(respiration)이란 우리 몸의 세포에 산소가 전달되어 포도당이 산화되는 현상이다. 우리가 공기를 들이켜면 허파에서 산소가 헤모글로빈 분자와 결합하여 우리 몸의 세포로 전달되고 세포에서 포도당과 산소가 작용하는 전 과정을 가리킨다.

포도당 + 산소 → 이산화탄소 + 물 + 에너지

이 과정에서 발생한 에너지가 우리 몸의 대사 작용에

사용된다. 에너지는 어떤 형태로 만들어지는가? 이 과정에서 TCA 사이클(tricarboxylic acid cycle) 메커니즘을 어떤 방식으로 거치는가?

에너지는 ATP 분자 형태로 만들어져 저장된다. ATP는 필요하면 ADP, AMP 형태로 변화하면서 에너지를 방출하는데 이 에너지는 필요할 때 사용된다. 이것으로써 ATP에 있는 포스페이트 결합에 에너지가 저장되는 것을 알 수 있다. TCA 사이클에서 에너지뿐 아니라 젖산 등 다양한 중간체

그림 1.4(2) 분자 구조 : 인산 결합에 에너지가 저장된다.

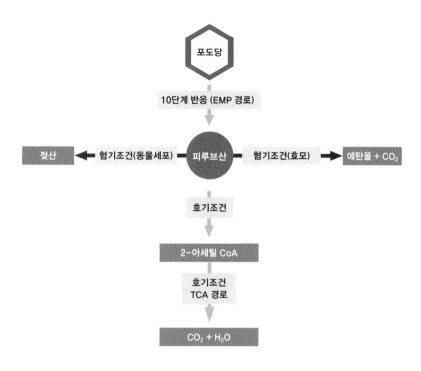

그림 1.4(3) 포도당 대사 작용 개요

화합물이 만들어지는데 이것은 다양한 목적으로 사용된다.

　예를 들어 사자에게 쫓겨 빨리 도망쳐야 하거나, 반대로 사냥감을 잡기 위해 빨리 움직여야 할 때 단시간에 에너지를 많이 필요로 하게 된다. 우리 몸에서 정상적으로 에너지를 공급하는 속도에는 제한이 있으므로 다른 방법으로 에너지를 얻어야만 한다. 어떤 방법일까?

포도당 → 젖산 + 에너지

이 과정에서 발생하는 에너지는 산소를 이용한 호흡보다 효율이 낮다. 이때 젖산이 발생하는데 이것이 몸에 축적되면 피로를 느끼게 된다. 이와 유사한 방법으로, 효모는 산소가 없는 혐기성 상태에서 에탄올을 생합성(biosynthesis)하면서 에너지를 얻는다.

많은 생물체가 유기물을 산소와 반응시켜(호흡) 에너지를 얻지만, 어떤 미생물은 유기물 이외의 물질을 호흡에 이용하여 에너지를 얻는다. 예를 들어 철산화 박테리아는 Fe^{++}, 황산화 박테리아는 S^{--}, 수소 박테리아는 수소, 질산화 박테리아는 암모니아를 이용한다.

고산병(high-altitude medical problem)이란 고도가 높아짐에 따라 산소가 줄어들면 저산소증이 생기는데 이것을 보상하기 위해 일어나는 신체의 변화를 말한다. 고산병은 보통 2400m 이상의 높이에서 나타난다. 낮은 산을 오르면서 하는 운동으로 인해 발생하는 숨쉬기 힘든 현상과는 다르다.

#공학 · 고산증과 호흡 곤란을 방지하는 방법

높은 곳이나 산에 오르면 호흡이 곤란해지고 심하면 통증을 느끼게 된다. 높은 곳으로 갈수록 공기가 희박해지는데, 이것은 산소가 지상보다 적기 때문이다. 높은 산에 올라가더라도 호흡 곤란을 일으키지 않는 방법은 없을까?

이러한 증세를 방지하려면 우선 고산(높은 산)에 적응하는 것이 필요하다. 고산에 오르려면 며칠씩 서서히 고산의 조건에 적응하면서 산에 올라야 한다. 혈액순환 개선제를 복용하면 혈액순환이 좋아지고 산소 전달이 개선되므로 호흡 곤란을 이겨낼 수 있다. 심한 경우에는 산소호흡기를 이용하여 호흡 곤란을 이겨 내기도 한다. 유전적으로는 헤모글로빈과 관련된 유전자를 조작하는 방법도 있다. 이것은 호흡 능력이 뛰어난 일부 운동선수를 조사한 결과 헤모글로빈 유전자가 보통 사람과 달랐다는 데서 찾은 방법이다.

오래전, 연탄을 연료로 사용하던 때 일산화탄소 중독으로 사망하는 경우가 많았다. 연탄을 연소시킬 때 불완전연소가 되면 이산화탄소 대신 일산화탄소가 발생하는데 이것이 호흡을 방해하여 죽음에까지 이르게 한 것이다. 일산화탄소가 어떻게 우리의 호흡을 방해한 것인가?

일산화탄소가 호흡에 관련된 단백질의 작용을 저해하는 것으로 알려져 있다.

열린 질문

호흡을 통해 에너지를 더 많이 얻을 수 있을까? 빨리 뛰는 방법으로 혈액순환을 빨리하는 것, 혈액 내 헤모글로빈 농도를 높이거나, 헤모글로빈의 산소 결합을 강화하는 것을 생각할 수 있다. 또 다른 방법으로 무엇이 있을까?

5

에너지 생합성 : 광합성

영화 '체인 리액션(chain reaction, 1996)'을 생각해보자. 물을 원료로 하여 반응을 일으켜 에너지를 얻는 획기적인 에너지 기술이 개발되었다. 석유도 아니고 우라늄도 아닌 물에서 에너지를 얻는다고 하니 얼마나 꿈같은 이야기인가. 영화에서는 이 획기적인 기술이 공개되기 전에 연구자가 죽음을 당한다.

세계는 에너지 전쟁 중이다. 효율 높은 에너지를 얻는 기술 개발을 위하여 지금도 수많은 과학자들이 연구하고 있다. 과거에는 석탄에서, 얼마 전까지는 원유에서 주 에너지를 얻었다. 지금은 원자력이 값싼 에너지원이 되었다. 핵융합, 셰일가스(shale gas)에 대한 관심이 높아지고 있다. 원자력으로 에너지를 얻는 것이 저렴하지만 위험을 수반한다. 풍력, 수력,

태양에너지, 바이오에너지 등 다양한 대체에너지를 개발하고 있다.

자연이 만들어 내는 에너지는 포도당 형태이다. 물과 이산화탄소 그리고 태양에너지를 이용하는 광합성의 결과로 포도당을 얻을 수 있다. 포도당으로 우리가 살아가는 데 필요한 에너지를 얻는다. 그리고 식물로부터(바이오매스라고 한다) 에탄올, 바이오디젤 등을 만들어 생활에 필요한 에너지로 사용한다. 이런 면에서 광합성이 매우 중요하다.

세일가스는 진흙이 수평으로 퇴적하여 굳어진 암석층(혈암, shale)에 함유된 천연가스다. 넓은 지역에 걸쳐 연속적인 형태로 분포되어 있어 추출이 어렵다는 기술적 문제가 있었으나, 1998년 프래킹(fracking, 수압파쇄) 공법을 통해 상용화에 성공했다.

광합성은 햇빛에너지, 물 그리고 이산화탄소로부터 포도당을 만드는 자연 현상이다. 식물의 잎이 물, 이산화탄소 그리고 햇빛이 있으면 체인 리액션을 일으켜 포도당을 만든다. 얼마나 신기한 일인가. 광합성을 이해하면 우리가 광합성의 효율을 높이거나 인공광합성을 할 수 있다. 인류 발전에 얼마나 큰 도움이 되겠는가.

#과학 · 광합성 과정

밀폐된 상자(햇빛 차단)에 식물을 키웠다. 그런데 며칠 후 그 식물은 죽어 있었다. 그럴듯한 이유를 제시해 보자. 이를 확인할 방법이 있다면?

햇빛이 차단되어 광합성을 못 하고 죽은 것일 수도 있지만, 또 다른 이유도 있을 것이다. 산소와 물 부족, 상자 속 세균에 의한 감염 등을 생각할 수 있다. 가능하다고 생각하는 원인들을 하나씩 시험하다 보면, 어떤 경우에는 우리가 생각하지 못했던 새로운 원인이 나타나고 가끔은 획기적인 발견으로 연결되기도 한다.

광합성(photosynthesis)은 크게 2단계로 이루어진다. 설명하면?

1단계로 엽록소에서 빛에너지를 흡수하여 화학에너지로 전환한다. 이 과정에서 물에 있는 산소가 방출 되 고 NADPH(nicotinamide adenine dinucleotide phosphate)와 ATP가 생성된다. 2단계에서는

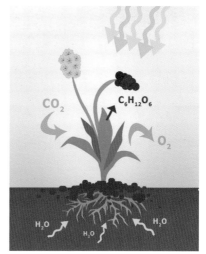

NADPH와 ATP를 이용하여 이산화탄소를 포도당으로 합성한다. 광합성이란 물과 이산화탄소가 빛에너지에 의하여 포도당, 산소 그리고 물이 생성되는 반응이다. 물은 수소(전자)를 잃고 산소가 되고, 이산화탄소는 수소(전자)를 얻어 포도당으로 환원된다.

$$6CO_2 + 12\,H_2O \rightarrow C_6H_{12}O_6 + 6O_2 + 6H_2O$$

광합성은 일반적으로 식물의 잎에서 일어나지만, 광합성세균, 녹조류 등 광합성을 하는 미생물도 알려져 있다.

#공학 · 광합성의 지구온난화 방지 효과

지구에서 이산화탄소 발생을 줄여 지구온난화를 늦출 수 있는 방법은 무엇인가?

나무 심기, 이산화탄소 발생 줄이기, 바이오화학 발전시키기, 그리고 이산화탄소 활용하기 등이 있다. 나무는 공기 중의 이산화탄소를 광합성에 사용하므로 지구온난화 방지에 도움을 준다. 생활이나 산업 분야에서 에너지를 절약하면 이산화탄소 발생을 줄일 수 있다. 바이오화학의 경우, 이산화탄소를 사용하여 성장하는 바이오매스로부터 에너지를 얻어 화학제품을 생산하기 때문에 이산화탄소를 줄일 수 있다. 그리고 이산화탄소를 활용하여 다양한 소재를 만들어 낸다면 이산화탄소에 의한 지구온난화를 전체적으로 늦출 수 잇다.

열린 질문

인공광합성 연구는 어디까지 진행되고 있는가? 무엇이 과제인가?

광합성에 대하여 대략적으로 이해하고 있지만 이와 관련된 효소에 대한 이해는 부족한 실정이다. 단기적으로 광합성에 대한 지식을 이용하여 이산화탄소로부터 포름산 등의 화학소재를 생산하려는 연구가 진행 중이다. 궁극적으로 그리고 장기적으로는 포도당을 생산하고자 한다. 그것은 인류를 위한 에너지와 식량 문제 해결의 시작이 될 것이다.

6

단백질의 역할

TV 오락 프로그램을 보면 정글이나 오지에서 살아남기 위하여 애쓰는 연예인들의 모습을 볼 수 있다. 불을 피우는 장면도 있고 추위와 비를 피하려고 집을 짓는 장면도 나온다. 그리고 먹을 것을 구하는 장면이 나오는데, 이때 사람들은 단백질원을 찾는다. 물고기, 새, 새의 알 등을 얻으면 단백질원을 찾았다고 기뻐한다.

단백질(protein)은 우리 몸을 구성하는 중요한 물질의 하나로, 외부에서 섭취해야 하는 영양소이다. 단백질은 콩, 생선, 고기 등에 많이 함유되어 있다.

단백질의 영어명 프로틴(protein)은 그리스어의 proteios(중요한 것)에서 유래된 것이다. 단백질의 한자 표기에서 단(蛋)이 새알을 뜻하는 것에서 알 수 있듯, 단백질은 달걀 등의 새알의 흰자위를 이루는 주요 성분이다.

단백질은 20개의 천연아미노산으로 이루어져 있는데, 그 중에서 필수아미노산은 외부로부터 직접 또는 단백질의 형태로 섭취해야 한다.

단백질의 종류는 크게 구조단백질과 기능단백질로 나눌 수 있다. 구조단백질에는 머리카락, 손톱, 근육 등이 있고, 기능단백질에는 효소, 호르몬, 항체 등이 있다. 이렇게 보면 단백질은 우리 몸에서 여러 가지 중요한 역할을 담당한다.

#과학 · 단백질의 구성물질 아미노산

단백질은 수많은 아미노산이 펩타이드(peptide) 결합을 통해 이루어진 고분자화합물이다. 아미노산(amino acid)이 화학결합을 통해 서로 연결되는데, 이 펩타이드가 여러 개 결합하여

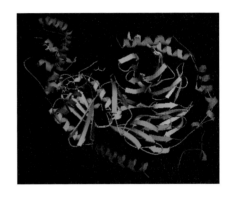

G-Protein의 구조

폴리펩티드(polypeptide)를 만든다.

단백질의 구성 물질인 아미노산이란 무엇인가? 펩타이드 결합을 설명하면?

기능성 단백질은 3차원의 구형(globular) 모양을 이룬다.

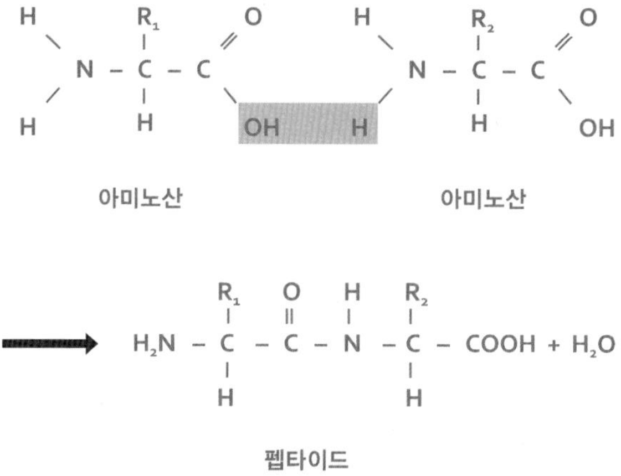

그림 1.6 아미노산, 펩타이드 구조

이 과정을 설명하면?

예를 들어 아미노산 50개가 펩타이드 결합으로 연결된 단백질을 생각하자. 아미노산과 아미노산 사이에 힘이 작용하여 나선형(helix)이나 평면시트(sheet) 등의 모양이 되었다가 다시 이것들 사이에 작용하는 힘에 의해 3차원 모양으로 접힌다[folding된다고 한다]. 그러면 구형 모양을 이루는 단백질이 되는 것이다.

#공학 · 단백질의 구조

단백질의 구조를 바꿀 수 있을까? [이와 관련된 학문을 단백질 공학이라고 한다] 바꾸면 어떤 현상이 일어날까?

1980년대부터 단백질 구조를 바꾸어 단백질을 개량하는 연구가 이루어져 왔다. 단백질을 구성하는 아미노산 1개 또는 여러 개를 바꾸면 새로운 단백질을 얻어지는데 이 중에서 원래의 단백질보다 특성이 향상된, 우리가 원하는 단백질을 얻을 수 있다. 이 과정에서 단백질 관련 유전자를 조작해야 하므로 유전자를 다룰 수 있어야 하고 단백질의 구조와 기능에 대한 이해도 필요하다.

자연계에는 20개의 천연아미노산이 존재한다. 천연 단백질은 천연 아미노산으로부터 만들어진다. 비천연 아미노산이 있을까? 비천연 아미노산으로 단백질을 만들면 어떠한 특징을 나타낼까?

아미노산은 위의 그림[그림 1.6]과 같은 구조를 갖는 것을 말하는데, 여기에서 R그룹이 자연계에 없는 기능기를 갖게 만들 수 있다. 이러한 것을 비천연 아미노산이라고 한다. 우리는 단백질은 천연아미노산으로 만들어야 한다고 무의식적으로, 또는 당연하게 생각할 수 있다. 그런데 비천연 아미노산으로 단백질을 만들면 어떻겠는가? 살아있는 미생물이나 세포를 이용하므로 천연 단백질을 만드는 것과는 달리 새로운 방법을 찾아야 한다. 그러한 노력이 모여 비천연 아미노산이 포함된 단백질을 만들 수 있게 되었다. 새로운 특성을 갖게 되면 단백질은 어떤 장점을 발휘하게 될까? 이에 관하여 생각해보는 것도 의미가 있을 것이다.

열린 질문

기능성 단백질은 만들어지는 과정에서 3차원 구조를 갖게 되는데, 이런 구조는 어떤 장점이 있을까? 단백질의 구조와 기능의 관계를 이해하면 새로운 단백질을 설계하여 만들 수 있을까?

7

효소의 이해

가끔 산야초 효소액이라는 말을 듣는데, 이것이 무엇인지 잘 모르는 사람이 많다. 이런 효소액을 만들 때 산야초, 채소 또는 과일을 병 속에 넣고 그 위에 설탕을 넣어 덮어준다. 그리고 몇 달, 몇 년 보관하면 걸쭉한 액체로 변하는데 이것이 몸에 좋다는 효소액이다. 효소액 속에 어떤 효소가 얼마나 있을까? 이에 관해 분석하거나 시험한 결과에 따르면 효소가 별로 없다고 한다. 그러니 효소액이라는 용어를 붙이는 것은 올바르지 않다. 사실은 삼투압에 의하여 산야초의 식물세포가 깨져 세포 내의 여러 가지 좋은 성분이 용해되고 그 일부가 발효된 것이다. 효소가 몸에 좋다는 이미지 때문에 효소액이라고 불린다.

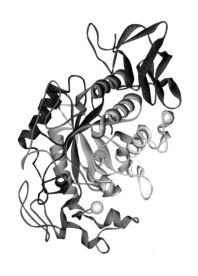

사람의 침속 알파-아밀라아제(alpha-amylase)

그렇다면 효소(enzyme)가 무엇이기에 몸에 좋다고 효소액이라는 이름도 생겨난 것일까?

효소는 생체 내에 있는 촉매로서 세포에서 대사 작용이 일어나도록 매개한다. 이러한 촉매 작용으로 인해 효소는 의약, 의료, 산업 등에 많이 사용된다.

#과학 · 효소의 촉매작용

효소는 어떻게 촉매작용을 하는가?

촉매란 반응에 필요한 활성화 에너지를 낮추어 반응이 일어나도록 하는 것을 말한다. 생체 내에서 반응하는 물질 [기질(substrate)이라고 한다]이 효소를 만나 생성물이 되는 과정은 다음과 같이 2단계로 표현할 수 있다. 여기에서 효소는 변하지 않고 다시 원상으로 돌아오는데 이때 효소는 반응의 촉매작용을 수행한다.

$$S + E = SE \rightarrow P + E$$

S는 기질, E는 효소, SE는 효소와 기질이 붙은 상태, 그리고 P는 생성물을 가리킨다. 대부분 처음 단계는 가역적으로, 다음 단계는 비가역적으로 일어난다. 기질이 효소와

만나면 SE 상태가 되는데, 이때 효소의 활성중심(active site)에서 기질과의 반응이 일어난다. 생성물 P는 효소 밖으로 나가고 효소는 기질과 반응을 계속한다. 효소는 특정한 기질하고만 반응한다[기질특이성이라고 한다]. 이것을 설명하기 위해 제안된 것이 열쇠-자물쇠 모형(lock-and-key model)이다.

효소가 반응을 하는 경우에 특정물질이 있으면 효소의 반응이 느려지기도 하고 반응이 일어나지 않는 경우도 있다. 그러한 특정물질을 저해제(inhibitor)라고 부르는데 특정 중금속, 독극물이 대표적인 예이다. 왜 저해제가 있으면 효소 반응이 잘 이루어지지 않을까?

열쇠-자물쇠 모형은 독일 유기화학자 에밀 피셔(Hermann Emil Fisher, 1852~1919)가 1894년에 제안하였다. 효소의 기질 특이성은 자물쇠의 구멍에 맞는 모양을 가진 열쇠만 자물쇠를 열 수 있는 원리와 유사해서다.

저해제가 효소에 달라붙으면 결과적으로 효소의 활성중심(active site)의 기하학적 구조가 바뀌므로 기질이 효소와 반응하지 못한다.

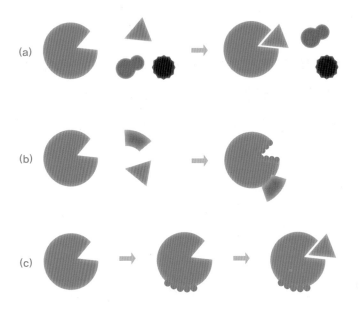

그림 1.7(1) 효소 작용 모식도

(a) 효소의 열쇠-자물쇠 모델, 효소와 결합할 수 있는 기하학적 모양을 가진 기질만 반응한다. (b) 저해제가 효소에 달라붙으면 효소의 기하학적 모양이 변하여 기질이 반응할 수 없다. (c) 효소의 구조를 변화시켜 저해제가 효소에 달라붙지 못하게 하면 기질이 효소와 반응할 수 있다.

#공학 · 효소의 활성화 방법

좋은 효소를 생산하려면 저해제가 효소에 붙지 못하도록 해야 한다. 이를 해결하는 방법으로 무엇이 있을까?

먼저 저해제가 효소에 달라붙는 위치를 잘 알아야 한다. 그러면 효소의 특정 위치에 있는 아미노산을 다른 것으로 바꾸어 저해제가 붙는 것을 막을 수 있다. 이 경우 효소의 활성중심의 기하학적 모양과 작용에 영향을 미치지 않도록 해야 한다.

효소는 일반적으로 세포 내의 환경인 상온, 상압에서 작용한다. 고온에서 효소 반응이 일어나면 좋은 경우가 있다. 온도가 올라가면 반응속도가 빨라지고 또 세균에 의한 오염을 막을 수 있다. 그래서 70~90℃에서 효소가 반응하도록 여러 가지 방법을 찾고 있다. 어떤 방법들이 있을까?

고온 환경에서 사는 미생물은 대부분 그 속에 고온에서 작용하는 효소를 가지고 있다. 온천이나 화산 지역에 사는 미생물을 찾으면 선별하여 그 안에 고온성 효소가 있는지를 실제로 찾아내기도 한다[screening이라고 한다]. 또 효소의 구조를 변화시키는 방법[효소공학 또는 단백질공학이라고 한다]을 사용하여 고온에서 작용하는 효소를 만들 수도 있다. 이 경우 효소의 어느 위치에 있는 아미노산을 어떤 것으로 바꾸어야 하는가가 중요하다. 아직까지는 장님이 코끼리 다리 만지는 수준이지만, 연구는 꾸준히 진행되고 있다.

효소는 단백질로 이루어져 있는데, 오랫동안 반응에 참

여하거나 온도가 올라가면 활성이 저하되어 산업용으로 쓰기 어려워진다. 효소에 어떤 변화가 생기기에 활성이 저하되는가? 효소의 활성을 떨어뜨리지 않으면서 열안정성을 높이는 방법에는 어떤 것들이 있을까?

활성이 떨어지는 것은 효소의 3차원으로 접힌 구조가 풀어지는 것이다. 그래서 기질과 반응할 수 있는 활성중심의 입체 구조가 바뀐다. 따라서 안정성을 높이기 위해서는 좋은 효소를 찾는 방법, 적절한 첨가제를 사용하여 효소가 풀어지지 않게 하는 방법, 효소의 구조를 단단하게 만드는 단백질공학 방법 등이 필요하다.

열린 질문

2018년 노벨 화학상은 효소의 분자진화를 연구한 미국의 프랜시스 아널드(Frances H. Arnold)와 조지 스미스(George P. Smith) 등 3명에게 돌아갔다. 방향진화(directed evolution)는 효소의 구조를 인위적으로 변화시켜, 마치 진화된 듯한, 우수한 효소를 얻는 방법이다. 우수한 효소를 얻기 위하여 단백질을 무작위로 변이시켜서 슈퍼 효소를 얻을 수도 있다. 그런 방법 이외에 또 무슨 방업이 있을까? 슈퍼효소가 있으면 산업적인 활용성이 증가한다. 예를 들면 효소를 이용하는 센서[효

소센서라고 한다]의 경우 이를 오래 사용하면 활성이 떨어져 센서 기능에 문제가 생긴다. 따라서 오랫동안 활성을 유지하는 효소가 필요하다. 또한 소량의 물질이 존재해도 측정할 수 있는 센서를 만들려면 효소의 활성이 높아야 한다. 슈퍼효소란 온도가 높아도 활성이 높고 오랫동안 사용할 수 있는 효소를 말한다. 슈퍼효소를 어떻게 만들 수 있을까?

효소의 반응성은 유연성(flexibility) 개념으로, 효소의 안정성은 강직성(rigidity)으로 표현한다. 효소에서 어떤 부분을 더 유연하게 하고 어떤 부분은 단단하게 조절하느냐에 따라 효소의 활성도와 안정성이 높아진다. 잘못하면 둘 다 나빠질 수 있지만, 여러 가지 장점도 있다.

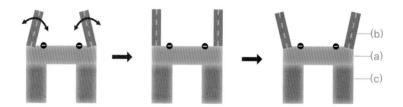

그림 1.7(2) 효소 구조-기능 모식도 : 효소를 (a) 반응에 참여하는 활성중심(active site), (b) 반응물을 결합시키는 유연한 팔, 그리고 (c) 중심을 잡아주는 강인한 다리로 나누어 비유할 수 있다.

8

소화의 이해

구렁이가 큰 돼지를 먹는 장면을 텔레비전 프로그램을 통해 본 적이 있다. 큰 돼지를 통째로 삼킨 뱀의 목은 그 부위가 불룩해진다. 먹이가 아래쪽으로 내려가면 배가 불룩해지다가 조금 지나면 금방 배가 홀쭉해진다. 빠른 시간에 먹이를 소화한다. 소화효소가 작용하여 먹이를 녹여낸 결과이다. 놀라울 뿐이다.

소, 염소, 양 등은 풀밭에서 하루 종일 풀을 뜯어먹는다. 겨울에는 짚을 먹기도 한다. 가끔 종이도 먹는다. 종이는 나무나 풀로부터 얻을 수 있는 셀룰로오스가 주성분이다.

소화란 무엇인가? 우리가 섭취하는 음식물을 세포가 활용할 수 있도록 물질로 바꾸어 주는 즉, 큰 분자를 작은 분자로 바꾸어 주는 과

알을 먹는 뱀의 모습

정이다. 녹말, 단백질, 지
방 등으로 이루어진 음
식의 주 영양분 등을 포
도당, 아미노산, 지방산
등으로 변환하는 과정에
서 효소가 작용한다. 이
때 분해된 영양소는 위,
장에서 흡수된다.

염소가 풀밭에서 풀을 먹는 모습

우리는 고기도 먹고 채소도 먹는데 초식동물은 풀을
주로 먹는다. 풀은 어떻게 영양분이 되는가? 초식동물의
소화를 예로 들어 소화에 대하여 생각해 보자.

#과학 · 풀이 영양분이 되는 과정

풀의 주요 구성성분은 셀룰로오스, 헤미셀룰로오스,
리그닌이다. 앞에서 살펴봤듯이 셀룰로오스는 6탄당[탄소
가 6개로 이루어진 포도당의 중합체]이고 헤미셀룰로오스
는 5탄당[탄소가 5개인 자일로스로의 중합체]이고 리그닌
은 방향족화합물이 결합된 고분자 물질이다. 종이는 주 성
분이 셀룰로오스이다.

풀은 어떻게 영양분이 되는가?

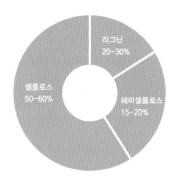

그림 1.8 목재의 주요 구성성분

섬유소 중에서 셀룰로오스와 헤미셀룰로오스는 쉽게 분해되고 리그닌은 분해하는 데 시간이 걸린다. 그래도 시간이 가면 풀이나 나무가 썩어서 없어지는 것을 보면 세 성분 모두 분해가 되는 것이다. 셀룰로오스는 효소에 의하여 최종적으로는 포도당으로 분해된다. 헤미셀룰로오스는 5탄당인 자일로스로 분해되어 세포 내에서 사용된다. 리그닌의 분해 메커니즘은 자세히 알려지지 않았지만, 분해가 되므로 미생물이나 세포가 사용하는 것으로 볼 수 있다.

부후균[목재를 분해(썩게)하는 균류]은 효소를 분비하여 나무의 세포벽을 구성하고 있는 고분자 물질인 셀룰로오스, 헤미셀룰로오스, 리그닌을 저분자 물질로 분해하고 최종산물을 이용하여 에너지로 이용하게 된다.

셀룰로오스를 분해하는 셀룰레이즈 효소(cellulase)는 어디서 얻을 수 있을까?

초식동물의 위에서 셀룰레이즈 효소가 분비된다. 그래서 포도당으로 전환되고 포도당은 동물의 여러 대사작용을 거쳐 에너지원으로 사용된다. 숲에서 볼 수 있는 흰 개미도 나무를 갉아먹는 것으로 알려져 있으니 그 속에 셀룰레이즈 효소가 있을 것이다. 또 숲속에서 나무, 풀을 썩게 만드는 것은 그곳에 있는 미생물의 작용 때문이다. 풀 속의 나무나 풀이 썩고 있는 곳에서 셀룰레이즈 효소를 만드는 미생물을 얻을 수 있다.

#공학 · 셀룰레이즈 효소의 산업적 이용

셀룰레이즈 효소를 어떻게 산업적으로 이용할 수 있는가? 이 효소를 값싸게 얻으려면 어떻게 해야 할까?

셀룰레이즈 효소는 여러 가지 용도로 사용된다. 셀룰로오스 바이오자원으로 바이오에너지를 만들거나 청바지 가공에 사용하기도 하고, 목재로 펄프를 만드는 데에 사용한다.

열린 질문

에탄올을 경제적으로 생산하기 위해서는 효소는 물론 원료물질도 값이 저렴해야 한다. 그러한 원료로는 폐지, 폐목재, 나무나 풀 등이 있다. 여기에서 포도당을 얻고 이것으로부터 에탄올 발효를 하면 된다. 최근에는 폐목재나 톱밥을 칩(wood chip)으로 만들어 발전용으로 사용하고 있다. 에탄올 생산을 위하여 어떤 원료를 사용하는 것이 바람직할까?

9

효소의 응용 :
소화 효소, 세제용 효소

옛날에는 아낙네들이 냇가에 모여 빨래를 하였다. 빨래 감에 물을 적신 후 몇 번 문지르고 방망이로 때린다. 그리고 물에 헹군다. 그러면 옷에 묻은 때가 없어지고 새 옷처럼 깨끗해진다. 지금도 여러 나라에서는 강이나 냇가에서 그와 비슷한 방식으로 빨래를 한다.

빨래, 세탁이란 무엇인가? 최근 세탁에도 효소를 이용한다. 세탁에 사용되는 효소세제에는 다양한 효소들이 포함되어 있다. 소화 효소제는 소화에 관여하는 여러 종류의

빨래터, 『단원 풍속도첩』

효소로 되어 있다. 이외에도 효소는 치료용과 산업용으로 다양하게 사용된다. 소화용 효소와 세제용 효소를 예로 들어 효소의 특성과 응용성을 생각해 보자.

#과학 · 소화효소와 세제용 효소 비교

음식을 소화시키는데 관여하는 효소로 탄수화물, 단백질, 지방을 분해하는 효소가 대표적이다. 세제용 효소로는 단백질분해효소, 탄수화물분해효소, 지방분해효소, 섬유소분해효소 등이 포함되어 있다. 세탁물에 붙은 때는 성분을 생각하면 단백질, 탄수화물, 지방, 섬유소 등이기 때문이다. 그렇게 보면 소화효소와 세제용 효소는 유사성이 높다. 소화효소와 세제용 효소의 유사성과 차이점은 무엇인가?

분해시키는 대상은 동일하다고 할 수 있지만, 환경 조건은 다르다. 소화효소는 대부분 위에서 작용하므로 실온과 산성 조건에서 존재하지만, 세탁효소는 사용하는 물이 찬물, 미지근한 물, 더운물 등 다양하고, 비누와 같이 사용하는 경우도 있으므로 알칼리성에서 작용해야 한다.

지방/기름이 옷에 붙어 있는 경우를 예로 들어, 합성세제나 비누로 세탁하는 것과 효소로 세탁하는 것을 비교 설명한다면?

아래 그림[그림 1.9]과 같이 일반 세제는 때를 둘러싸고 있다가 물에 용해되게 하여 옷에서 제거한다. 효소는 때를 분해시켜 물에 용해되게 하여 옷에서 제거한다.

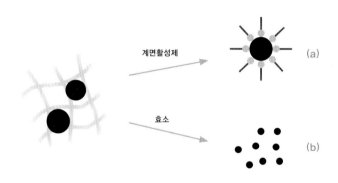

그림 1.9 빨래 모식도 : (a) 계면활성제의 소수성기가 때를 둘러싸고, 친수성기가 바깥쪽을 향하여 물에 용해된다. (b) 효소가 때를 분해시켜 작은 입자로 만들어 물에 용해될 수 있게 한다.

#공학 · 세제용 효소를 만드는 방법

빨래를 하는 경우 일반적인 효소의 반응온도인 30℃, pH=7인 상태가 아니고, 지역마다 달라서, 10~20℃의 찬물이나 pH=9-10인 알칼리 상태인 경우가 많다. 세제용 효소는 어떻게 만들 수 있을까?

세제용 효소는 위의 조건에서 사는 미생물로부터 얻을 수 있다(screening). 또 일반 효소를 개량하여[단백질 공학] 세제용에 적합한 효소를 얻을 수 있다.

저온에서 작용하는 효소를 어디에서 발견할 수 있을까? 저온에서 작용하는 효소와 고온에서 작용하는 효소의 특징은 무엇인가?

저온에서도 활성이 좋은 효소는 추운 지역에 사는 미생물로부터 얻을 수 있다. 저온성 효소는 저온에서도 유연(flexible)해야 한다. 고온성효소는 반대로 고온에서 효소가 풀리지 않고(unfolding 되지 않고) 활성을 가져야 하므로 상온에서는 상대적으로 단단(rigid)해야 한다.

열린 질문

음식을 먹을 때는 몸에서 소화효소가 분비된다. 소화효소는 우리 몸에서 언제 어떠한 과정을 거쳐 만들어지고 분비될까? 항상 만들어져 분비되는 것인가? 이런 원리를 세제용 효소를 만드는 경우에 어떻게 활용할 수 있을까?

2

미생물의 세계

1

유산균 제품 : 김치와 요구르트

김치와 요구르트(yoghurt)는 다른 식품이지만 공통점을 가지고 있다. 서양에서는 우유로 요구르트를 만들고 우리나라에서는 배추, 무 등을 이용하여 김치를 만든다. 서양에도 사우어크라우트(sauerkraut), 피클(pickles)과 같이 채소를 이용하는 김치 종류가 있지만, 우리나라 김치는 세계적인 건강식품이다. 김치를 먹어서인지 우리는 바이러스성 질병에 강한 편이다. 김치는 채소로 만들기 때문에 섬유소(fiber)가 많아 장 건강에도 좋고 유산균도 많다. 요구르트는 유산균 제품이다. 유럽의 장수마을로 잘 알려진 불가리아의 시골마을의 경우, 그곳의 장수 비결을 요구르트라고 이야기한다. 깨끗한 공기와 물, 음식, 그리고 시골에서의 자연적인 운동이 원인이겠지만 대표적인 이유로 요구르트를 든다. 왜냐하면 깨끗한 공기와 물, 음식 그리고 몸을 움직여야 하는 지역 등은 세계 여기저기에서 찾아볼 수 있으므로 장수의 요인이라고 말하기는 어렵다. 그래서 장수 비결을 요구르트라고 하는 것이 타당해 보인다. 그러다 보니 요구르트는

동·서양에서 즐겨먹는 음식이 되었다.

#과학 · 김치와 요구르트 속 유산균

김치와 요구르트 만드는 과정과 특징을 비교 설명하면? 공통점은 무엇일까?

둘 다 공통적으로 유산균[또는 젖산균(Lactobacillus)] 발효 식품이다. 요구르트는 우유에 유산균을 접종하고 놓아두면 요구르트가 된다. 이때 산성이 되면서 잡균은 성장하지 못한다. 우유를 그냥 놓아두면 잡균이 성장하여 우유가 상한다. 김치는 채소를 소금에 절였다가 씻은 후에 양념을 하는데, 숙성과정에서 유산균이 작용한다. 채소를 소금에 절일 때 잡균이 대부분 죽고, 염분에 잘 견디는 유산균이 김치를 발효시킨다. 그러나 김치를 오래 놓아두면 공기속의 산소를 이용하는 초산균에 의하여 맛이 시어진다. 유산균은 산소에 약한 것으로 알려져 있다.

유산균은 장에서 증식하면서 장내 유해 세균의 증식을 억제하여 장 건강을 유지하는 데 도움을 준다. 최근 장내미생물학이 화제가 되면서 이에 대한 연구도 활발해졌다.

#공학 · 장 건강에 좋은 미생물

잘 익은 김치를 시어지지 않게 하면 오랫동안 맛있게 먹을 수 있다. 김치는 익은 후에는 왜 시어지는 것일까? 김치가 시어지지 않게 하는 방법은 무엇인가?

공기(산소)가 들어가면 유산균의 작용이 약해지는 대신 초산균의 작용이 증가한다. 공기가 들어가지 않도록 하거나, 외부에서 유산균을 넣어 주는 등 유산균의 작용에 좋은 환경을 만들어 주면 김치가 시어지는 것을 늦출 수 있다.

유산균과 같이 장 건강에 좋은 미생물을 프로바이오틱스(probiotics)라고 한다. 장 건강을 위하여 일부러 유산균이나 요구르트와 같은 유산균 식품을 먹는 경우가 있다. 이때 유산균이 산성 조건의 위장을 통과하여 장까지 잘 전달되도록 하는 것이 중요하다. 어떻게 하면 될까?

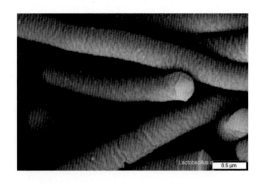

락토바실러스 아시도필루스(Lactobacillus acidophilus) 전자현미경 사진

유산균이 죽지 않고 위(stomach)와 장(intestine)을 통과할 수 있도록 유산균을 코

팅하는 방법이 있다. 특히 위에서는 산성의 위산이 분비되므로 웬만한 미생물은 위에서 살아남을 수 없다. 참고로, 포도당 외에 다른 단당류가 결합된 올리고당은 우리 몸에서 소화가 잘 안 되므로 장까지 전달할 수 있다. 그래서 장에 있는 미생물들의 먹이(에너지원)가 된다. 이런 장내 미생물의 먹이를 프리바이오틱스(prebiotics)라고 한다. 최근 장내 미생물에 대한 연구가 활발해지면서 장내미생물학microbiome이라고 하는 분야가 각광을 받고 있다. 인체의 신체 각 부분, 특별히 장에 있는 미생물 종류에 따라 만들어 내는 대사산물이 다르다. 그것들이 우리 인체의 면역 작용 등 신체의 대사에 직접 간접으로 크게 영향을 미치고 있다. 그러므로 이를 이해하여 잘 활용하면 여러 가지 질병을 예방할 수 있을 뿐 아니라 건강도 유지할 수 있다.

> 올리고당은 우리 몸에서 소화가 잘 안 되므로 장까지 전달할 수 있다. 그래서 장에 있는 미생물들의 먹이(에너지원)가 된다.

열린 질문

신선한 채소는 오랫동안 배를 타고 바다를 항해하는 선원들에게 매우 중요하다. 마찬가지로 미래 우주여행에서도 음식, 특별히 신선한 채소를 공급하는 것이 중요하다. 어떻게 하면 될까?

2

미생물의 세계 : 미생물의 종류와 증식

서점에서 오랫동안 잘 팔리는 도서로 『총, 균, 쇠(Guns, Germs, and Steel)』이 있다. 우리 인류가 원시 사회에서 출발하여 지금과 같은 사회를 만들며 살아온 과정에는 총, 균, 쇠가 중요했다는 사실을 알려주고 있다. 예를 들어 16세기 초에 스페인이 남아메리카를 침략했을 때 어떤 과정으로 원주민들을 지배했는지, 원주민이 어떤 고통을 받았는지를 '총, 균, 쇠'라는 단어를 사용하여 묘사하고 있다. 여기에서 '균'이란 세균을 가리키는 것이다. 스페인 군인들과 접촉하다 보니 그들에게서 옮겨온 병균으로 인해 원주민들은 질병을 얻게 된다. 원주민들은 그 병균에 대한 면역력이 없었기 때문에 많이 죽을 수밖에 없었다.

미생물은 눈에 보이지 않는 작은 생물체다. 누가 발견했을까? 그것은 현미경의 발명으로 가능해진 것이다. 네덜란드의 레벤후크(Anton von Leeuwenhoek, 1632년~1723)가 발명한 현미경으로 미생물의 세계를 이해하기 시작하였다. 생물체는 크게 동물, 식물, 곤충 그리고 미생물로 나눈다. 미생물은 눈에 안 보이는 작은 생물체이나 우리에게 매우 중요한 생명체로 우리 몸에도 많이 있다. 우리는 미생물을 산업에 많이 활용하고 있다.

대장균, 고초균, 유산균 등은 작지만 곰팡이와 효모는 크다. 대장균(E. coli)은 우리 몸의 대장에 많이 존재하고 구조가 간단하여 유전자 조작이 쉬워 산업적으로 많이 사용된다. 고초균(Bacillus)은 된장, 낫또 등에 있는 미생물이며, 유산균(Lactobacillus)은 요구르트에 많이 존재하는 미생물이다. 페니실리움(Penicillium)은 곰팡이로서 페니실린 항생제를 만들고, 효모(yeast)는 빵을 부풀어 오르게 하며, 술(알코올)을 만드는 것으로 알려져 있다.

낫또

#과학 · 미생물의 증식

미생물을 배양하기 위하여 배양액을 만들어 실온에 두었더니 용액이 뿌옇게 되었다. 왜 그렇게 되었다고 생각하는가?

미생물이 증식하여 그렇게 되었을 수도 있고, 어떤 뿌연 물질이 여러 가지 이유로 만들어지거나 유입된 경우 등을 생각할 수 있다. 그러면 각각에 대하여 실험하며 확인해 볼 수 있다. 일반적으로 어떤 자연 현상에 대해 관찰하면서 새로운 이론을 만드는 과정은 현상-가설-시험-이론 단계를 거친다.

미생물의 증식은 미생물 종류에 따라 다르다. 대장균과 같은 박테리아는 이분법에 의하여, 페니실리움과 같은 일반적인 곰팡이는 나무가 자라듯이, 효모는 싹이 나오는

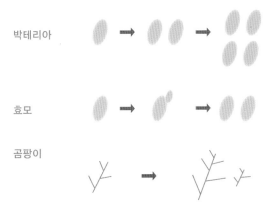

그림 2.2(1) 미생물 증식 모식도

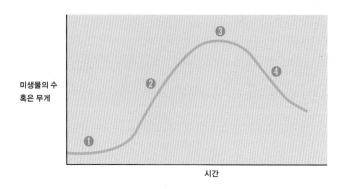

그림 2.2(2) 미생물 성장 곡선 ❶ 지체기 ❷ 지수성장기 ❸ 정체기 ❹ 사멸기

[budding이라고 한다] 방식으로 증식한다. 미생물의 증식을 어떻게 측정할 수 있을까?

미생물 개수나 무게를 측정하거나 빛 투과도를 측정하여 미생물의 증식 정도를 파악할 수 있다.

미생물의 증식은 개념적으로 몇 단계에 걸쳐 이루어진다. 미생물이 주위의 환경에 적응한 다음부터 기하학적으로 증식한다. 그러다가 영양분과 같은 주위 여건에 따라 증식을 멈추는 것처럼 보이다가 결국은 죽는다. 기하학적으로 증식하다가 정체되는 현상을 자세히 설명한다면?

미생물은 증식되는 속도와 죽는 속도가 같다. 이러한 요인으로 영양분, 산소 등 주위 환경의 변화와 증식 공간의 부족 등이 있다.

#공학 · 미생물의 농도/숫자 최대화 방법

미생물이 오랫동안 지수적으로 증식하도록 하면 미생물의 농도/숫자를 늘릴 수 있는데 이것은 산업적으로 중요한 의미를 지닌다. 왜 중요한가? 예를 들어 미생물의 농도를 증가시켜 우리가 원하는 제품의 수율(yield)을 올리면 좋다. 즉, 어떤 제품을 가정하여 농도수율을 100g/l에서 110g/l로 10%만 올려도 경쟁력이 높아지고 수익도 많이 증가한다. 지수성장기를 오랫동안 유지시켜 미생물의 농도/숫자를 최대화하는 방법은 무엇인가?

이를 위해서는 지수성장기가 끝나고 정체기로 가는 이유를 이해해야 한다. 산소 부족, 영양분 부족 등이 주된 이유이다. 그러므로 산소나 영양분의 부족 여부를 확인하여 이를 유지하도록 하면 미생물의 농도를 극대화할 수 있다.

이 과정에서 많은 경우 산소가 병목(bottleneck)이 되는 경우가 많은데 어떻게 하면 산소에 의한 병목 현상을 줄일 수 있을까?

공기 중의 산소 농도는 약 21%인데, 고농도의 산소를 공급하면 산소 부족을 줄일 수 있다. 또 미생물 유전자를 조작하여 산소 이용도를 증가시키거나 광합성식물을 같이 배양하여 산소를 잘 공급하는 방법이 있다.

열린 질문

새로운 미생물 생명체를 만들 수 있을까? 만들게 되면 어떤 장점이 있고 어떤 위험이 있을까? 새로운 미생물을 어떻게 만들 수 있을까? 그렇게 하려면 우리가 알아야 할 과학적 지식은 무엇인가?

3

대사작용과 바이오화학

자동차가 처음 등장했을 때 마차에 사용하던 나무로 만든 바퀴를 사용하여 굴러가게 했다. 지금 그런 자동차는 자동차 박물관에 가야 볼 수 있다. 사용 안 하고 버리면 고물, 박물관에 갖다 놓으면 골동품이 된다. 오늘날 자동차 바퀴로 고무 타이어를 사용한다. 처음에는 간단한 구조의 타이어만을 사용하였지만, 지금은 잘 터지지도 않고 눈과 비에도 미끄러지지 않게 하는 기술을 접목한 타이어를 사용한다. 앞으로는 어떤 타이어가 등장할까?

초기의 타이어는 천연고무로 만들었는데, 전쟁으로 인해 독일은 천연고무를 얻기 어려워 다른 방법을 찾기 시작했다. 화학기술의 발달로 독일 과학자들은 석유를 원료로 하여 천연고무와 화

마차 나무 바퀴/자동차 고무 바퀴

고무는 탄성이 있는 탄화수소 중합체이며 라텍스와 같이 일부 나무의 수액으로 만들어진다. 탄력이 세서 타이어 만드는 데 쓰이고, 전기가 통하지 않아 전선의 피복에 쓰이는 등 용도가 다양하다.

학 구조가 유사한 물질을 만들어 냈다. 그것이 처음 만들어진 합성고무다. 그 이후 석유로 합성고무뿐만 아니라 다양한 화학 소재를 만들어 사용하게 되었다.

그런데 문제가 생겼다. 이산화탄소가 지구온난화의 주범으로 지목되면서 이산화탄소 배출량을 줄여야만 한다. 이산화탄소는 공장, 발전소, 자동차 등에서 배출되는데 그 중에서 석유화학소재를 연소할 때 많이 나온다고 하니 이를 대체할 방법이 필요했다. 그때 대안으로 떠오른 것이 바이오화학인데, 화학소재를 바이오 원료로 만드는 것이다. 그러면 바이오 원료, 즉 나무, 풀 같은 바이오매스는 식물의 성장 과정에서 이산화탄소를 흡수하므로 소재 사용 후 발생되는 이산화탄소를 줄이는 효과가 있다. 과거에는 그렇게 하면 제품값이 오른다고 하였으나, 최근 생명공학기술의 발달로 경제성이 좋아지면서 몇몇 제품은 이미 실용화되고 있다. 지구온난화 방지 비용을 고려하면 경제성이 더 좋아진다. 바이오화학의 핵심 내용을 살펴보자.

#과학·바이오 기술의 발전과 바이오화학

오래전에 사용하던 화학 소재들은 자연이나 미생물 또는 석탄을 이용하여 만들어 사용하였다. 자동차용 타이어는 고무나무에서 얻은 고무로 만들고, 아세톤(acetone)과 부탄올(butanol) 등은 미생물을 배양하여, 페놀(phenol)과 같은 방향족화합물은 석탄을 이용하여[석탄화학이라고 한다] 만들었다. 그러다가 석유로 에너지와 화학 소재를 만드는 방식[석유화학]으로 패러다임이 바뀌었다.

21세기 들어 지구온난화가 심각해지자 매장량이 제한적인 석유 대신 바이오 기술의 발전으로 이제는 바이오 소재를 이용하거나 바이오 기술로 화학 소재를 만드는, 소위 바이오화학이 주목받고 있다. 이러한 바이오화학의 핵심 기술은 대사공학으로 미생물을 잘 활용하기 위한 기술이다. 이러한 대사공학은 대사작용을 이해하는 데서 시작한다. 미생물의 대사작용을 설명하면?

미생물은 세포이기 때문에 성장하는데 탄소원, 질소원 등의 영양분이 필요하다. 예를 들어 탄소원인 포도당은 세포 내로 흡수되어 여러 대사 경로를 거쳐 이산화탄소와 물로 변환되는데 이 과정에서 에너지가 ATP 형태로 생성되어 저장된다. 이외에도 다양한 대사 경로가 있다. 각 단계의 반응에는 효소가 관여한다.

#공학 · 미생물을 이용한 대사공학

미생물을 이용하여 바이오화학 제품을 생산하는 경우 핵심 기술은 미생물 대사공학기술과 배양기술이다. 대사공학은 무엇인가?

미생물의 대사과정에 적절한 대사경로를 만들어 주는 것인데, 이때 외부에서 특정 대사경로에 관련되는 유전자를 넣어 주면 가능하다.

최근에 많이 사용되는 폴리락타이드(polylactide)를 예로 들면, 미생물을 배양하여 젖산(lactic acid)을 만들고, 젖산을 화학적으로 중합시켜 폴리락타이드를 만든다. 이 과정에 생명공학기술과 화학기술이 모두 필요하다. 휘발유 대신 여러

세포   E ⋯ ⟶ ⋯ ⟶ ⋯ ⟶ E
          ⋮
A ⋯⟶ A ⋯⟶ B ⋯⟶ C ✖⟶ D

그림 2.3(2) 대사공학 모식도. A로부터 원하는 생성물 E를 얻기 위해서는 C ⋯⟶ E로 가는 대사경로를 만들어 주어야 하는데 이것은 C ⋯⟶ E로 전환하는 효소의 유전자를 넣어주면 가능하다. C ⋯⟶ D로 가는 경로를 폐쇄 (blocking)시키면 D가 생성되지 않는다. 그러면 A로부터 더 많은 양의 E를 생합성할 수 있다.

가지 화학제품의 원료로 사용되는 부탄올도 미생물을 배양하여 만든다. 미생물이 부탄올을 많이 생산할 수 있도록 대사공학기술로 대사경로를 바꾼 미생물을 사용한다. 이러한 바이오화학 제품의 원료는 바이오매스이다. 바이오화학은 과연 친환경적인가?

미생물을 배양하는 데 사탕수수, 고구마 등의 녹말 자원, 억새, 수수 등의 나무/풀 그리고 야자열매 껍질 등의 셀룰로로스 자원, 미역 등의 해조류 등이 사용된다. 바이오자원이 성장하는 과정에서 이산화탄소가 사용되므로 제품을 사용하는 과정에서 발생하는 이산화탄소를 감소시키는 효과가 있다. 이런 점에서 친환경적이다. 또 석유자원은 사용하고 나면 끝이지만, 바이오 자원은 매년 수확하여 사용

할 수 있는 재생 가능한 자원(renewable resources)이라는 데 장점
이 있다.

열린 질문

**해양자원을 이용하여 바이오화학 제품을 만들 수 있을까?
그러기 위해서는 어떤 기술이 개발되어야 할까?
해조류를 이용하기 위해서는 알지네이트(alginate)와 같은
해조류의 탄수화물인 다당류를 단당류로 만드는 기술, 미생
물이 그러한 당을 이용하도록 하는 기술 등을 연구해야 한다.
이러한 기술의 연구는 언제 실용화할 수 있을까? 해조류를
바다에서 무한하게 공급받을 수 있을까? 세계적으로 해조류
를 얻기에 좋은 지역은 어디인가?**

4

미생물의 이용 : 바이오에너지, 알코올

우리 인류는 11,000년 전부터 포도주를 마시기 시작하였다고 한다. 누가 포도주를 만들었을까? 그리스 신화에서는 디오니소스가 술(포도주)을 만든 신이라고 한다. 믿거나 말거나다. 이집트에서는 8,000년 전에 맥주를 만들어 마셨다고 한다. 그래서 포도주가 더 오래전에 만들어졌다고 했는데, 최근에 13,000년 전의 맥주공장 유적이 이스라엘에서 발견되었다. 중석기 시대에 살았던 인류가 돌절구를 이용하여 밀과 보리 등을 빻아 맥주를 만든 것이다.

인류는 맥주와 포도주를 만들어 마셨다. 이 기술을 누가 발명했을까? 신이 만들었을까? 발명자가 따로 있었던 것일까? 상상해보면, 포도를 수확하여 한쪽에 놓아두거나 그릇에 넣어두었더니 시간이 지나면서 액체가 생겼는데 그 맛이 좋았다. 그러한 경험이 반복되면서 술 만드는 방법이 정착되었을 것이다.

　미생물에 의하여 만들어진 알코올은 고대로부터 전해 내려온 음료나 소독약으로 사용되었다. 최근에는 휘발유를 대체하는 에너지로, 다른 화학소재를 만들기 위한 원료물질로 그 중요성이 커지고 있다. 알코올을 생산하는 미생물은 여러 가지가 있는데 그중 효모(yeast)가 가장 많이 사용된다.

　외국에서는 알코올을 가솔린에 약 10% 정도 섞어 자동차 연료로 사용한다. 그것을 가소홀(gasohol, gasoline + alcohol)이라고 부른다. 에탄올을 세계에서 제일 많이 생산하는 브라질에서는 에탄올 100%를 사용하여 움직이는 자동차도 있다.

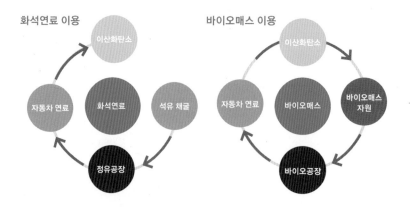

그림 2.4 화석연료에서 바이오매스로의 패러다임의 변화

#과학 · 효모의 알코올 생산

효모는 왜 알코올을 생산하는가?

산소(공기)가 있는 호기적 조건에서 효모는 증식한다. 산소가 소모되거나 없는 혐기적 조건이 되면 효모는 살아남는 데 필요한 에너지를 만들기 위해 알코올을 합성한다. 이 과정에서 에너지가 만들어져 저장된다. 이산화탄소도 같이 만들어진다. 빵을 만들 때도 효모를 사용하는데, 이 과정에서 이산화탄소가 발생하여 빵을 부풀게 한다.

포도당 → 에탄올 + 이산화탄소 + 에너지

일반적으로 술을 담그면 12~14% 이상으로 알코올 농도를 올리기 쉽지 않다. 왜 그럴까?

일반적으로 알코올 농도가 약 12%에 도달하면 효모는 더 이상 알코올을 생산하지 않는다. 알코올은 소독약으로도 사용되므로 알코올 농도가 너무 높으면 효모에게도 피해를 주기 때문이다. 알코올 농도가 높으면 세포벽의 지방

성분이 파괴될 수 있으므로 소독약으로도 사용한다.

#공학 · 알코올 생산

산업적으로는 알코올을 20% 이상의 농도로 생산하는 것이 경제적이다. 어떻게 하면 가능할까?

20% 정도의 알코올에도 견딜 수 있는 슈퍼 효모를 찾아야 한다. 효모의 세포벽 구조를 유전공학적으로 바꾸어 알코올 농도가 높아도 살 수 있는 효모를 만들어도 된다. 또 생산 과정에서 만들어진 알코올을 분리하여 효모가 느끼는 알코올 농도를 12% 넘지 않도록 하면 알코올을 계속 생산할 수 있고 결과적으로 생산되는 알코올의 농도를 높일 수 있다.

효모(酵母, 누룩)는 균계에 속하는 미생물로 약 1,500 종이 알려져 있다. 뜸팡이라고도 부른다. 대부분 출아에 의해 생식하나 세포 분열을 하는 종도 있다. 크기는 대략 3~4 마이크로미터로 하나의 세포로 이루어진 단세포 생물이다. 흔히 빵이나 맥주의 발효에 이용된다.

알코올 발효가 끝난 뒤 공기와 접촉하면 식초로 변하는데, 이것을 발효 식초라고 한다. 식초로 변하지 않게 하려면?

일반적으로 초산균은 산소가 존재하면 알코올을 초산으로 바꾸는데 이때 에너지가 만들어진다. 그러므로 산소가 들어가지 않도록 알코올을 병에 잘 보관하여야 한다. 알코올의 농도가 높으면 미생물이 증식할 수 없으므로 12% 정도의 알코올을 증류하여 40~50% 정도의 알코올로 만들어 보관하면 변질을 막을 수 있다.

열린 질문

동남아시아 산속에 사는 고산족은 밤에 기온이 내려가 추우면 술을 마신다. 고산족은 다른 부족과 섞이지 않고 홀로 살아간다. 고산족은 어떻게 술 만드는 것을 배웠을까? 그 술은 쌀로 만든다고 하는데, 정작 밥을 해먹을 쌀이 부족하여 굶주리며 지낸다. 술을 마시지 못하게 하는 것이 더 좋지 않을까? 어떻게 해야 할까?

5

미생물의 이용 : 페니실린 항생제

　페니실린은 영국의 플레밍 (Alexander Fleming, 1881~ 1955)이 발견하였다. 전쟁에서 상처를 입은 병사들을 치료하기 위해서 많은 양의 페니실린을 배양해야 했다. 실험실에서는 플라스크에 영양분을 넣은 후 여기에 페니실리움 곰팡이를 접종하여 잘 배양하면 페니실린을 만들 수 있는데, 페니실린을 대량으로 생산하려면 수많은 플라스크를 이용해야 하기 때문에 손이 많이 갔다. 그러다가 곰팡이를 대량으로 배양하는 기술을 보유한 미국의 화이자(Pfizer)회사가 대량으로 생산하게 되었다. 명예는 영국이 갖고, 돈은 미국이 가져간 것이다.

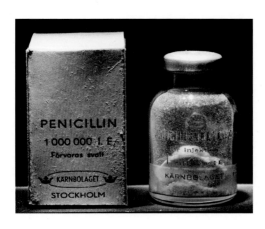

　페니실린은 항생제이다. 세균의 세포벽 합성을 저해하여 세균이 증

페니실린(스톡홀름의 노벨 박물관 소장)

식하지 못하게 하면 결과
적으로 세균에 의한 질병
을 치료할 수 있다. 페니
실린의 발견 이후 수많은
항생제가 발견되고 또 합
성되어 세균에 의한 질병
치료에 사용되고 있다.

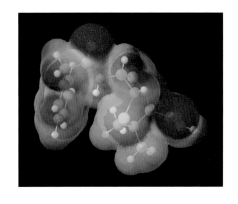

페니실린의 분자구조 모식도

#과학 · 페니실린 발견 이야기

플레밍이 페니실린을 발견할 때의 상황은 어떠했을
까? 포도상구균을 기르던 페트리디쉬(petridish)가 곰팡이에
의하여 오염된 것을 발견했을 때 플레밍은 어떤 생각을 했
을까? 곰팡이로 오염이 되었으니 실험은 망친 것이나 마
찬가지다. 그렇게 된 이유는 무엇일까? 이유를 확인하기
위해 플레밍이 한 조처는 무엇인가?

실험할 때 곰팡이 포자가 페트리디쉬에 들어가서 그렇
게 되었거나 배양하고자 하는 미생물에 문제가 생겨 더 이
상 자라지 않게 되었다고 생각할 수 있다. 그리고 곰팡이
가 어떤 물질을 분비하여 배양하려던 미생물이 자라지 못

했다고 생각할 수도 있다. 여러 가지 원인을 생각하고 원인을 하나씩 확인 실험해야 한다. 예상한 결과가 나오지 않는 경우 생각지도 못한 획기적인 발견으로 연결될 수도 있다. 그러한 사례는 얼마든지 있다.

곰팡이는 탄소원, 질소원 등의 영양분이 풍부하면 증식한다. 그러나 질소원 같은 영양소가 부족하면 증식하지 못한다.

페니실리움 곰팡이는 어떤 경우에 페니실린을 만드는가?

곰팡이는 탄소원, 질소원 등의 영양분이 풍부하면 증식한다. 그러나 질소원 같은 영양소가 부족하면 증식하지 못한다. 증식을 할 수 없을 뿐 아니라 스스로 살아남는 데 필요한 에너지도 모자라게 된다. 그러면 다른 세균에게 공격을 받을 수 있으므로 이를 방어하기 위해 보호물질을 합성하여 분비한다. 이것이 바로 페니실린인데, 페니실리움 곰팡이가 세균의 세포벽합성을 저해하는 항생제를 만든 것

그림 2.5 반합성페니실린 개념도. 세균은 (a)구조의 페니실린을 분해시킨다. R을 R'로 바꾸어주면 (b)구조의 반합성페니실린이 생성되는데, 세균이 분해하지 못한다. 그러면 새로운 항생제는 세균의 세포벽 합성을 못하게 하여 세균을 물리친다.

이다. 이러한 조건을 잘 맞추어 주면 페니실리움 곰팡이는 계속 항생제를 만들 수 있다.

#공학 · 페니실린 항생제

페니실린 항생제를 이용하여 세균을 공격하자, 시간이 지남에 따라 그 세균이 페니실린을 분해할 수 있는 효소를 생합성하여 페니실린을 무력화시키기 시작했다. 과학자들은 세균이 페니실린을 분해하지 못하도록 페니실린의 구조를 바꾸었다. 그것이 반합성 페니실린이다. 또 세균이 분해하지 못하는 새로운 항생제를 찾았는데, 그것이 세파로스포린(cephalosporin) 항생제다.

페니실린 항생제는 미생물을 이용하여 만든다. 화학적으로 합성하여 페니실린을 만들 수 있으나 그렇게 하면 항생제값이 비싸진다. 그래서 미생물을 대량으로 배양하여 페니실린을 생산하는 데 사용한다. 최근에는 $100{\sim}1000\text{m}^3$의 탱크(발효조)가 사용되는데, 발효조는 온도, 공기, 영양분 등의 여러 가지 환경조건을 잘 조절하여 페니실린이 잘 증식되도록 한다. 페니실린을 배양할 때 영양분을 어떻게 공급하여야 페니실린이 많이 만들어질까?

미생물이 고농도로 증식할 수 있도록 산소를 포함한 영양분을 충분히 공급한다. 그러다가 미생물이 어느 정도 증식한 후 질소원이 고갈되도록 하는 것이 중요하다. 그러기 위해서는 영양분 상태를 꼼꼼히 점검하며 제어해야 한다.

가축도 세균성 질병에 걸릴 수 있으므로 사료에 항생제를 첨가하는 경우가 있다. 그렇게 하면 우리가 먹는 고기에 항생제가 남아 있을 수 있

곰팡이는 탄소원, 질소원 등의 영양분이 풍부하면 증식한다. 그러나 질소원 같은 영양소가 부족하면 더 이상 증식하지 못한다.

다. 이로 인해 우리 몸에서 항생제 내성을 키워줄 수 있으므로 무항생제 고기를 선호하게 된다. 가축을 사육할 때 항생제를 사용하지 않으려면 어떻게 하는 것이 좋은가?

가축이 건강하도록 관리를 잘하는 게 무엇보다 중요하다. 그러기 위해서는 가축을 가두어 키우기보다 어느 정도 운동을 할 수 있는 공간을 제공해야 한다. 이것만으로는 가축의 건강이 보장되는 것이 아니므로 항생작용이 있는 천연물질을 사료에 첨가하면 좋다.

열린 질문

역시 시간이 지나니 반합성 페니실린과 세파로스포린 항생제를 분해하는 현상이 나타나기 시작하였다. 최근에는 여러 종류의 항생제에 내성을 갖는 슈퍼버그(superbug)까지 나타났다. 세균과의 전쟁에서 인간이 승리하려면 어떻게 해야 할까? 세균성 질병을 예방하거나 치료하는 또다른 방법이 있는가?

6

발효 식품 - 된장과 치즈

　알프스의 목동은 겨울이면 눈 덮인 산에서 지낸다. 그리고 봄이 되면 산에서 내려와 소나 양을 이끌고 목초를 찾아다니며 요들송을 부르기도 한다. 낭만적으로 들리는 부분도 있다. 그런데 목동은 왜 추운 겨울에 산에서 내려오지도 못하는 것인가? 먹고 살기 위하여 높은 산꼭대기까지 초지를 만들고 그곳까지 양을 데리고 간다는 것이다. 또 요들송도 목동들이 서로 이야기하는 수단에서 비롯되었다고 한다. 멀리 떨어진 산속에서 무서운 동물이라도 나타나면 다른 목동에게 알려야 하는데 고음의 요들송이어야 가능했다는 것이다. 유럽에서는 소와 양의 젖

알프스 목동

을 오래 보관하여 먹기 위하
여 그들은 치즈를 만들었다.
우리는 단백질원인 콩으로
부터 된장을 만들어 먹었다.

고대로부터 인간은 자연
현상을 이용하여 다양한 식
품을 만들었다. 냉장고가 없
는 시대에 음식재료를 오랫
동안 보관하기 위한 아이디
어가 많이 나왔다. 단백질원
인 콩과 우유로 된장과 치즈
를 만들었고, 물고기를 건조
시키든가 훈제하여 오랫동안
보관하여 먹었다. 특별히 미

소 위에 들어있는 렌닌(rennin)이라는
효소를 우유에 첨가하면 우유가 응고되
어 밑에 가라앉는다. 이때 가라앉은 것이
우유 속 단백질이다.

생물을 이용하여 재료를 발효시킨 경우가 많았다.

#과학 · 치즈와 된장 만드는 방법

치즈와 된장은 어떻게 만드는가?

소 위에 들어있는 렌닌(rennin)이라는 효소를 우유에 첨가하면 우유가 응고되어 밑에 가라앉는다. 이때 가라앉은 것이 우유 속 단백질이다. 가라앉은 것을 덩어리로 만들어 공기가 잘 통하고 온도와 습도가 적당한 곳에 보관하면 대기 중의 미생물이 달라붙어 단백질을 아미노산으로 분해시키는데 이 과정에서 미생물이 만들어 내는 여러 가지 대사산물이 같이 섞이며 향을 낸다. 이렇게 대사산물의 맛과 아미노산의 맛이 더해진 단백질 덩어리가 치즈다. 우유를 응고시키는 방법은, 단백질을 응고시키는 것인데 다른 방법을 사용할 수도 있다.

된장을 만들려면, 먼저 콩을 불리고 삶아서 덩어리로 만든 다음 메주를 공기가 잘 통하는 곳 ─예전에는 지붕 아래 처마에 매달아 둔다. 그러면 공기 중의 미생물이 달라붙어 단백질을 아미노산으로 분해한다. 미생물이 달라붙어 있는 메줏덩어리를 물에 담가 두면 수용성 아미노산과 미

지붕 아래 처마에 매달아 둔다. 그러면 공기 중의 미생물이 달라붙어 단백질을 아미노산으로 분해한다.

생물이 만든 대사산물은 물에 녹아 나오고 덩어리만 남게 된다. 물에 녹아 나온 것은 간장이 된다. 간장에 아미노산이 많이 용해되어 있으므로 음식을 만들 때 맛을 더하는 조미료로 간장을 사용한다. 한편 덩어리는 소금을 첨가하여 항아리 속에 보관하는데, 이것이 된장이다.

#공학 · 효소로 간장 만드는 방법

전통적인 방법으로 간장을 만드는 것은 시간이 오래 걸리고 일손도 많이 필요하다. 그래서 간장을 만드는 새로운 방법이 개발되었다. 그 하나가 화학간장이다. 콩을 염산으로 분해하여 만든다. 또 다른 방법은 효소를 이용하여 만드는 것이다. 두 가지 방법을 비교 설명하면?

콩 속의 단백질을 염산(HCl)을 이용하여 가수분해시키면 아미노산으로 변환되는데 그것이 맛을 낸다. 이 과정에서 염산과 콩 속의 유기물이 반응을 일으켜 인체에 해로운 물질을 만들 수 있는데, 실제로 극소량 만들어진다고 한다. 그러므로 가수분해 반응 후에 생성된 유해한 물질을 분리시켜 제거해야 한다. 효소를 이용하면, 효소의 기질 선택 특성으로 인해 해로운 물질이 만들어지지 않는다. 그래서 화학간장 대신에 효소 간장을 만드는 경우도 있다. 참고로, 전통적인 방법으로 만든 간장을 양조간장 또는 발효간장이라고 한다.

어장(魚醬)은 생선을 바닷소금에 절여 발효시켜 만드는 액체 장이다. 피시 소스(fish sauce)라고도 한다. 베트남, 라오스, 캄보디아, 타이, 필리핀 등 동남아시아 지역에서 주로 사용되며, 음식에 간을 맞출 때 쓰거나 여러 요리를 찍어 먹는 소스를 만들 때 쓴다. 한국의 액젓도 어장의 일종이며, 제주도에서는 액젓의 일종인 어간장을 담가 먹는다.

된장이나 간장을 콩으로만 만들어야 하는가?

단백질원을 이용하여 만들 수 있다. 예를 들면, 베트남에서는 생선을 이용하여 간장을 만드는데 이 간장은 맛이 좋아 세계적으로 많이 사용된다.

열린 질문

치즈는 일반적으로 소, 양, 염소 등의 젖을 원료로 하여 만든 동물성 식품이다. 동물성 음식을 좋아하지 않는 사람들을 위해서 식물성 치즈를 만들면 어떻겠는가? 실제로 식물성 치즈도 시장에 소개되어 있다. 식물성 치즈에는 어떠한 특성이 있을까?

3

생명체의 자기 보호

1

스트레스 이겨내기

일본의 어느 연구소에서 다음과 같은 연구를 하였다. 생쥐를 몇 시간 물속에 넣어 두었다. 또다른 생쥐는 잠깐씩 여러 번 물속에 넣어 둔다. 스트레스를 준 것이다. 그 뒤 생쥐는 몸에 이상이 생겼다. 몸을 해부를 해 보니 위벽이 헐어 있었던 것이다. 우리도 극심한 공포를 느끼거나 신경을 쓰면 위장 장애를 겪는다. 한편 실험쥐에게 어떤 물질[예 : GABA gamma amino butyric acid]을 먹이고 같은 상황을 재현시켰더니 몸의 이상 증세가 많이 줄어들었다. 이런 실험결과를 바탕으로 약이나 기능성 식품을 개발한다.

사람도 무서운 상황을 경험하고 나면 그 뒤에도 두려움이나, 아픈 경험이 연상되는 트라우마(trauma)를 겪는 사람이 많다. 아픈 일이 없으면 좋겠지만, 어쩔 수 없이 겪어야 한다면 이를 이겨내는 방법도 알았으면 좋겠다.

우리나라는 자살율이 세계 최고인데다 행복지수도 바닥이다. 오늘날 우리는 스트레스 속에서 살고 있다. 특히 우리나라 청소년은 학업 스트레스를 많이 받고 있다. 적당한 스트레스는 발전의 원동력이 되지만, 과도한 스트레스는 몸을 해치고 질병을 유발하기도 한다. 가끔은 스트레스를 이겨내지 못하여 생명을 포기하는 안타까운 소식을 접할 때가 있다. 스트레스가 우리 몸에 어떤 작용을 하는가? 이에 대해 알아

뭉크의 그림 「절규」

보고 건강한 정신과 몸을 위해 어떻게 해야 하는지 생각해보자.

#과학 · 스트레스 원인과 작용

스트레스란 무엇인가? 생물체가 받는 스트레스에는 무엇이 있는가?

캐나다 내분비학자 한스 셀리에(Hans Selye, 1907~1982)가 1936년 제창한 학설에 따르면, 스트레스는 '정신적 육체적 균

형과 안정을 깨뜨리려고 하는 자극에 대하여 자신이 있던 안정 상태를 유지하기 위해 변화에 저항하는 반응'라는 말이다. 원래 이 말은 19세기 물리학 영역에서 '팽팽히 조인다'라는 뜻의 stringer라는 라틴어에서 기원하였다. 스트레스에는 정신적인 것과 물리적인 것이 있다. 우리 몸에 뜨거운 것이 닿았을 때 느끼는 충격을 물리적인 스트레스라고 한다.

스트레스는 '정신적 육체적 균형과 안정을 깨뜨리려고 하는 자극에 대하여 자신이 있던 안정 상태를 유지하기 위해 변화에 저항하는 반응'이라는 말이다.

우리 몸에서는 그것을 외부의 공격으로 생각하고 몸을 피한다든지 단백질을 포함하는 여러 가지 물질을 만들어 우리 몸을 보호한다. 적당히 열을 가하여 몸의 면역력을 높이는 것이 전통적인 뜸의 원리다. 그러한 자극이 심하지 않으면 긍정적인 효과가 있겠지만 너무 강하면 화상과 같이 피부가 손상될 수 있다.

정신적인 스트레스는 우리가 무엇을 해야 한다거나 무엇을 하면 안 된다거나 하는 강박관념에서 비롯된다. 예를 들어 공부를 잘 해야 한다는 생각이 너무 심한데 그것이 실현되지 않으면 그것이 스트레스가 되어 우리 몸이 손상될 수 있다. 이처럼 정신적인 것이 물리적인 것으로 연결된다. 예전에 화병으로 죽는다는 말이 있었다. 이 역시 정신적인 것이 물리적·육체적인 스트레스로 연결된다는 이야기이다. 스트레스는 여러 질병의 원인이 된다. 그러므로 생명체가 받는 스트레스로 인하여 생기는 스트레스 단백질 등에 관한 연구는 매우 중요하다.

#공학 · 스트레스를 이겨내는 방법

정신적 스트레스를 심하게 받고 그것을 이겨내지 못하면 그 결과 우울증 또는 암 등의 질병의 원인으로 작용할 수 있다. 어떻게 하면 이겨낼 수 있을까?

지금까지 스트레스를 이겨낼 수 있는 방법으로 독서, 음악, 운동, 명상, 대화, 상담 등이 제시되었다. 독서를 하다 보면 스트레스에서 벗어날 수 있고, 음악 운동 대화 명상 등을 하는 것도 스트레스를 덜 받게 하거나 줄이는 데 도움이 된다. 그러므로 자기에게 어울리는 방법을 찾아 스트레스

를 푸는 것이 무엇보다 중요하다. 심해지면 임상심리사 등
전문가를 찾아가 상담하고 필요하면 약을 복용해야 한다.
미국의 대학에서는 입학지원서에 자기가 좋아하는 운동과
다룰 수 있는 악기에 대하여 쓰도록 하는데 이런 것이 대학
생활은 물론 더 나아가 사회생활에서 받을 수 있는 스트
레스를 잘 이겨내게 하는 수단이 될 수 있기 때문이다.

열린 질문

**스트레스가 어느 정도 되어야 긍정적인 효과를 낼 수 있을
까? 스트레스의 긍정적인 측면은 무엇일까? 심한 스트레스
를 받아도 이겨낼 수 있는 원리와 방법이 있을까?**

2

식물의 자기 보호 : 대사산물

우리는 휴일이 되면 산과 강 그리고 바다를 찾는다. 특별히 숲을 찾아가 그 숲의 향기를 맡으며 자연을 즐기는 시간은 행복하다. 숲이 주는 향기는 무엇인가? 그것을 피톤치드 (phytoncide)라고 한다. 피톤치드란 식물이 만들어 내는 (phyto-) 무엇인가를 죽이는 물질 (-cide)이라는 뜻이다. 소나무, 편백나무가 대표적으로 많은 양의 피톤치드를 내뿜는 것으로 알려져 있다. 그래서 소나무로 집을 짓고, 편백나무로 실내 벽을 장식하며 편백나무로 욕조를 만들기도 한다. 편백나무로 만든 제품은 세균이나 곰팡이가 자라지 않아 깨끗함을 유지하기에 좋다. 소나무나 편백나무는 세균이나 곰팡이 그리고 벌레가 오지 못하도록 항균물질을 내뿜는다. 그것이 우리에게는 왜 좋을까? 항상 세균과 곰팡이가 들어올 수 있고 우리도 항균작용하는 물질이 우리 몸 안에 있으면 세균이나 곰팡이를 물리치는 데 유리하므로 그런 물질을 본능적으로 좋아하는 것 같다.

동물은 움직일 수 있기에 위험이 닥치면 몸을 피한다.

곤충도 마찬가지다. 그러나 식물은 자신이 움직일 수 없으므로 외부의 공격에 취약하다. 그래서 곰팡이, 세균, 곤충 등이 자기 몸을 공격하지 못하도록 여러 가지 방어수단을 갖고 있다. 그 중의 하나가 세균 침투를 막는 대사산물을 만드는 것이다. 대사산물은 식물 속에 있기도 하지만 필요하면 밖으로 배출할 수도 있다. 그러한 물질의 예로 피톤치드 이외에 인삼, 탁솔 등이 있다. 인삼은 오랫동안 음지의 습한 땅속에서 자라기 때문에 그 속에 사포닌 같이 좋은 성분을 많이 포함하게 된 것으로 보인다. 주목(朱木)나무의 경우 성장속도가 매우 느리기 때문에 세균이나 벌레에 공격당하지 않기 위하여 상대적으로 항균성이 강한 탁솔(taxol)을 합성하여 나무줄기에 분비한다.

#과학 · 대사산물의 주요 성분

식물이 만드는 대사산물이 우리 사람에게 좋다고 하는데, 주요 성분들의 특징은 무엇인가?

식물의 종류에 따라 합성하는 물질은 다르지만, 대사산물은 항균작용, 항산화작용 등을 한다. 이런 것이 우리에게도 항균, 면역강화, 항암 작용 등에 도움을 주는 것으로 알려져 있다. 예를 들어 커피에 대해 생각해 보자. 세계적으로 유명한 커피는 어디에서 생산되는가?

지역적으로 보면 아열대의 고산지역에서 생산된다. 컬럼비아의 블루마운틴(Blue Mountain), 하와이 코나(Kona), 에티오피아의 예가체프(Yirgacheffe) 등이다. 왜 이런 지역에서 생산되는 커피가 맛이 있을까? 그것은 낮에는 날씨가 좋고 햇빛이 강하여 커피나무가 건강하게 자란다. 대략 1,000~2,000m의 고지대이므로 밤이 되면 기온이 내려간다. 그러면 자기를 보호할 수

커피 꽃/열매/ 라떼

있는 대사산물을 많이 합성하는데 그것이 우리에게는 향(flavour)으로 느껴진다. 요즈음에는 커피나무를 온실에서 키운다고 하는데 과연 맛있는 커피열매가 얻어질까? 온실에서 재배하여도 이런 조건을 맞추어 준다면 향기로운 맛있는 커피를 얻을 수 있을 것이다. 커피는 로스팅(roasting)이라는 볶는 과정이 있어 맛이 로스팅 방법에 의하여 달라지지만, 원두[원래 커피 열매를 그렇게 부른다] 자체가 좋아야 로스팅을 하여도 맛이 좋은 것이다.

#공학 · 사포닌과 탁솔의 효능

우리 건강을 위해 인삼이나 인삼의 주성분인 사포닌을 대량 생산할 필요가 있다. 어떻게 하면 될까?

인삼에서 직접 추출하는 방법, 인삼의 세포를 배양하여 얻는 방법, 또는 화학적으로 합성하는 방법 등을 생각할 수 있다. 어떤 방법이든 싼 가격에 대량으로 만들 수 있어야 한다. 그래서 최근에는 유전자조작으로 인삼세포에 사포닌을 합성하는 유전자를 많이 발현시켜 사포닌을 많이 합성하는 기술이 개발되었다. 사포닌을 분리 정제하여 사용하는 것이기에, 유전자가 조작된 인삼이나 세포를 먹는 것이 아닌 이상, 안전에는 문제가 없다.

주목나무가 합성하는 물질로 알려진 탁솔은 몇 가지 암 치료에 효과가 좋아 항암제로 사용된다. 많은 암 환자를 치료할 수 있을 정도로 항암제를 대량으로 생산하는 방법은 무엇인가?

주목나무의 세포를 배양하면 탁솔을 얻을 수 있다. 우리나라 기업에서 세계 최초로 주목나무 세포를 배양하여 탁솔을 생산하고 있다. 화학합성 방법으로도 가능한데, 주목의 잎으로부터 전구물질을 추출한 후에

주목나무. 주목나무의 세포를 배양하면 탁솔을 얻을 수 있다.

화학합성하여 탁솔로 만드는 방법이다. 식물세포를 배양한다고 해서 식물세포가 그냥 탁솔을 만들지는 않는다. 세포가 어느 정도 성장한 다음에 자극을 주면(elicitation) 이에 반응하여 탁솔을 만들기 때문에 어떤 자극을 어떻게 주느냐가 중요하다.

열린 질문

식물은 대부분 다양한 대사산물을 만들어낸다. 우리는 오래 전부터 식물을 다양한 용도로 사용하고 있다. 뿌리, 잎, 꽃이나 열매를 사용하는 것 등이 있다. 이것이 한약재로 사용되는데 이를 최근에는 천연물과학이라고 부른다. 우리가 잘 아는 아스피린도 천연물의 성분을 알아내어 화학적으로 합성한 것이다. 천연물과학을 발전시키는 것은 우리나라의 전통을 생각할 때 발전 가능성이 매우 높다. 천연물과학을 발전시키려면 어떻게 하면 좋을까?

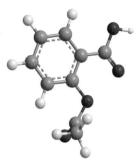

아스피린은 버드나무 껍질에 함유된 살리실산이라는 물질에서 비롯했다.

3

식물의 자기 보호 : 고분자 보호막

기독교의 성경에 따르면, 예수(Jesus)가 태어났을 때 동방에서 박사 3명이 찾아와 경배하였다. 이때 그들이 가져온 선물이 황금, 유향, 몰약 등이다. 황금은 잘 알려져 있는데, 유향과 몰약은 무엇인가? 유향(frankencense)은 중동지역에서 자라는 감람나무에서 나오는 수액이 굳어져 만들어진 물질로서 항균작용이 있어 질병치료에 사용하였고, 몰약(myrrh)도 중동지역에서 자라는 고무나무와 비슷한 나무의 수액에서 얻는 것으로 항균작용이 있어 오래전에 사람이 죽은 후 미라를 만들 때 사용하였다고 한다. 유향이나 몰약은 나무가 상처가 났을 때 자기를 보호하기 위해 만드는 수액에서 얻은 것이다.

식물에 상처가 나

유향. 유향은 중동지역에서 자라는 감람나무에서 나오는 수액이 굳어져 만들어진 물질로서 항균작용이 있다.

면 그 자체에서 밀크빛(milky)의 끈끈한 물질(수액)을 분비하는
데 시간이 경과하면 이 물질이 상처부위를 덮는다. 이러한
현상은 옻나무, 소나무, 고무나무 등에서 발견된다.

#과학 · 옻칠의 역할

옻나무를 예로 들어 이 과정을 설명하면?

옻나무 껍질에 상처를 내면 옻나무에서는 유로시올
(uroshiol)이 함유된 밀크모양의 물질을 분비한다. 이것이 공기
와 만나면 고분자보호막을 만든다. 그러면 나무 내부로 세
균이나 곰팡이가 들어가는 것을 막아준다. 이 과정에는 수
액 속에 포함된 효소(락케이즈 laccase)가 고분자막을 형성하는
반응에 관여한다.

이러한 원리를 이용한 것이 옻칠이다. 옻나무 수액을
나무 등의 공예품에 칠하면 세균, 곰팡이 등에 의하여 나무
가 상하지 않아 오랫동안 사용할 수 있다. 그러나 수액 속
에 효소가 포함되어 있으니 잘 못 처리하거나 보관하면 효
소가 변하여 고분자중합 반응이 잘 되지 않아 옻칠이 제대
로 되지 않는다. 옻액의 보관은 그래서 매우 중요하다. 이
것은 오랫동안 장인의 기술로 여겨지고 있다.

유로시올 + 산소 → [고분자화합물]ₙ
효소

그림 3.3(1) 유로시올의 구조와 반응

#공학 · 천연고무의 생산

이와 유사한 방식으로 고무, 송진 등이 만들어진다. 고무나무에서 얻는 라텍스는 고무제품을 만드는 데 사용되며 최근에는 침대와 베개도 라텍스를 이용하여 만든다. 사람들이 천연라텍스를 사용한 제품을 선호하기 때문이다. 석유화학 기술의 발달로 부타디엔고무 같은 합성고무가 생산되어 사용되고 있다. 그러나 이러한 석유화학 기술은 지구온난화의 주요 원인인 이산화탄소를 발생시킨다는 단점이 있다. 천연으로 고무를 대량으로 생산하는 방법이 있는가?

생산성이 높은 고무나무를 육종

천연도료, 래커lacquer

나무에서 라텍스 채취

하여 고무를 얻을 수 있다, 또 고무를 생산하는 식물세포를 배양하여 고무를 얻을 수도 있고, 고무를 합성할 수 있는 유전자를 미생물에 넣어 미생물을 배양함으로써 고무를 얻을 수 있다. 고무나무의 식물세포는 미생물에 비하여 성장이 느리므로 미생물을 이용하는 방법이 더 경제적일 수 있다. 그렇다면 이 방법이 석유화학 방법보다 얼마나 더 경제적인가에 따라 실용화 여부가 정해진다.

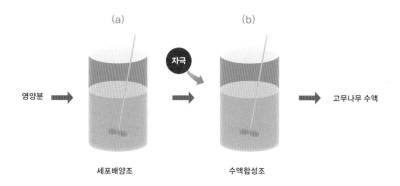

그림 3.3(2) 고무나무 수액을 대량으로 얻는 방법 개념도

(a) 고무나무 세포를 배양하다가 (b) 마치 고무나무에 칼자국을 내듯이 유사한 자극을 주면 고무나무 세포는 고무나무 수액을 생합성한다. 그것을 세포와 분리하면 고무의 원료가 되는 수액을 얻는다.

 열린 질문

옻나무와 고무나무 같은 식물이 만들어 내는 물질은 외부의 세균과 곰팡이의 침입을 막는 항균작용을 하므로 우리에게도 도움이 된다. 옻나무를 재배하는 마을에서는 오랫동안 옻액을 공예품의 도장(painting)용은 물론 치료용으로 사용해 왔다. 이와 유사하거나 약효가 있거나 특별한 용도가 있는 것들로는 무엇이 있을까? 오랫동안 전해 내려오는 것들을 과학화하는 것은 의미가 있다. 우리 주위의 천연물이나 식물을 예로 들어 어떤 작용을 하고 어떻게 과학화하거나 실용화 목적으로 발전시킬 수 있는지 생각하자.

4

미생물의 자기 보호 : 다당류

'미꾸라지 같다'는 비유가 있다. 미꾸라지는 그 표면이 미끄러워 손으로 잡으려 하면 잘도 빠져나간다. 물고기도 등 부위가 미끈거리고, 미역 같은 해초도 만지면 미끈거린다. 많은 생명체가 미끈거리는 물질을 만들어낸다. 미생물도 이런 물질을 만든다고 하는데, 왜 그러는 것일까?

미생물도 자신을 보호하는 여러 가지 방법을 가지고 있다. 어떤 종류의 곰팡이나 고초균과 같은 박테리아는 주위 환경이 나빠지면 포자(spore)를 만들고, 다시 주위 환경이 좋아지면 그 포자가 변하여 다시 증식을 한다. 푸른 곰팡이(Penicillium)와 같은 곰팡이는 특정 조건에서 항생제를 세포 밖으로 분비하여 세균이 공격하지 못하도록 한다. 어떤 종류는 주위에 끈적끈적한 고분자 물질을 분비하여 세균이 가

유사한 것으로 청국장(혹은 나또)이 있다. 청국장은 고초균(바실러스균)이 콩속의 단백질을 분해시켜 폴리글루탐산을 만들어내는데, 점성이 있어 끈적거리고 이것이 다른 세균의 활동을 약화시킨다.

까이 오는 것을 막는다. 이 끈적끈적한 물질이 바로 다당류(polysaccharides)다.

해초류도 주성분이 다당류다.

녹말, 셀룰로오스도 포도당으로 구성된 다당류지만, 미생물이 만들어내는 다당류는 포도당으로만 구성된 것은 아니다. 미생물이 만들어내는 다당류에는 알지네이트(alginate), 카라지난(carrageenan), 플루란(pullulan) 등이 있다.

#과학 · 미생물이 만드는 다당류의 효능

미생물은 어떤 경우에 다당류를 만드는가? 이를 어떻게 활용할 수 있을까?

미생물은 잘 증식하다가 영양분 중 질소원이나 특정 영양소가 부족해지면 증식도 하지 못하고 외부의 세균 침입에 노출된다. 이때 다당류를 만들어 체외로 분비하는 것이다. 다당류가 있으면 점도가 높아져 미생물의 표면이 끈적거리는데, 이로 인해 외부에서 세균이나 곰팡이가 접근하기 어렵다. 그래서 응집제(cohesive agents)로 이용된다. 또 이 다당류는 우리 몸에서 소화가 잘 되지 않기 때문에 다이어트 음식으로도 적합하다.

#공학 · 미생물의 다당류 합성

미생물은 대사산물이 충분히 생합성하고 나면 생합성 작용을 멈춘다. 다당류는 장점이 많기 때문에 이를 이용하려면 지속적으로 생합성을 하게 해야 다당류를 많이 얻을 수 있다. 어떻게 하면 될까?

주위의 다당류 농도가 높아지면, 생합성 목적을 달성했다고 여겨 생합성 작용을 멈추려 한다. 미생물 안의 이런 메커니즘은 유전자에 의해 가능해진 것이다. 그러므로 유전자 조작으로 생합성을 종료하는 기능을 없애거나 약화시키면 미생물은 가능한 한 많이 다당류를 합성하게 할 수 있다. 또는 미생물이 합성한 다당류를 분리하여 제거하면 계속 다당류를 합성할 것이다.

열린 질문

배가 바다를 항해할 때 그 표면을 끈적끈적하게 하면 물의 저항을 줄일 수 있다. 물고기의 표면이 미끄러운 것도 이 때문이다. 배의 표면을 어떻게 끈적끈적하게 만들 수 있을까? 또 배에 조개류가 달라붙지 않게 하려면 어떻게 할까? 이런 기술을 사용하면 배가 빠른 속도로 항해할 수 있기 때문에 항해 시간을 단축시키고 연료 소비도 줄일 수 있다. 이러한 획기적인 기술을 개발하기 위해 세계적으로 여러 기업과 연구소, 대학 등이 연구하고 있다.

5

동물의 자기 보호 : 항체

몇 년 전 하얀 가루가 담긴 봉투가 집이나 사무실로 배달되면 테러용으로 사용되는 탄저균(anthrax)이 아닌가 하여 겁을 먹고 검사하던 적이 있다. 탄저균가루는 테러용으로 사용될 수 있는 생화학 무기다. 이런 무기로부터 군인과 시민을 보호하기 위하여 백신과 치료제를 개발했는데, 실제로 세균을 생화학무기로 만들면 동시에 해독제도 같이 개발한다. 세균은 생화학 무기로 사용될 수 있는 위험성을 지니고 있다. 생화학 무기와 해독제를 얻는 과정을 소재로 다룬 영화는 꽤 많이 있다.

실제로 세균을 생화학무기로 만들면 동시에 해독제도 같이 개발한다. 세균은 생화학 무기로 사용될 수 있는 위험성을 지니고 있다.

우리는 어릴 때부터 예방주사라고 하여 여러 종류의 백신 주사를 맞았다. 그러면 몸에서 항체가 생겨 병에 걸리지 않는다고 믿기 때문이다. 항체는 외부의 특이한 세균 또는 물질[항원이라고 한다]로부터 우리 몸을 보호하는 역할을 한다. 그래서 필요하면 백신 주사를 맞아

우리 몸에 항체가 생기도록 한다. 예를 들면, 생활 환경이
취약한 개발도상국의 경우 간염으로 고생하는 사람이 많
다. 이런 경우 간염백신을 만들어 예방주사로 맞게 한다.
개발도상국에는 여러 종류의 백신이 필요하지만 이를 생
산할 여건이 부족한 경우가 대부분이다. 다행히 백신을 마
련하더라도 낙후된 지역까지 백신을 운반하려면 시간도
오래 걸리고 이에 맞는 운송수단도 부족하다. 백신은 낮은
온도를 유지하며 운반해야 하는데[cold chain이라고 한다]
냉장 상태로 운반할 수 있는 차량이 별로 없기 때문이다.
어떻게 해서 현지까지 백신을 운반하더라도 이를 주사할
자격증 있는 전문가도 없고 누가 언제 백신 주사를 맞았는
지 기록하는 시스템도 없다. 그야말로 보건의 사각지대다.
우리나라는 오래전부터 미
얀마에 간염백신 공장을
건설하고 유엔 산하의 국
제백신연구소를 서울대 연
구공원에 유치하여 지원하
고 있다.

어린아이가 백신 주사 맞는 모습

#과학 · 항체와 백신

'항체'(antibody, Ab)는 단백질의 하나다. 우리 몸은 외부에서 해로운 세균, 화학물질 등의 물질(항원)이 들어오면 항체를 만들어 외부의 공격에 대비한다. 혈액 내에서 생성되어 혈액과 림프에 저장되어 있다가 신체에서 면역반응이 일어나는 곳으로 이동하여 작용한다.

우리 몸은 외부에서 세균이나 특이 물질이 들어오면 그 것을 파괴하는 항체를 만든다. 이런 현상을 이용하여 평소에 약화된 세균을 우리 몸에 주사

우리 몸은 외부에서 해로운 세균, 화학물질 등의 물질(항원)이 들어오면 항체를 만들어 외부의 공격에 대비한다.

하면 항체가 생긴다. 이렇게 항체가 생기도록 하는 항원 물질을 '백신'(vaccine)이라고 한다. 살아있는 강한 세균을 몸에 주사하면 원치 않는 질병에 걸릴 수 있으므로, 세균을 약화시키거나 죽은 세균을 주사한다. 약화되거나 죽은 세균은 안전하지만, 만약에 살아있는 세균이 일부 섞인다면 문제를 일으킬 수 있으므로 안전을 위해 세균의 세포벽 성분을 백신으로 사용하기도 한다.

#공학 · 항체 치료제와 백신을 만드는 방법

항체는 오래전부터 우리 몸의 면역 시스템 연구에 많이 사용했는데, 최근에는 항체를 치료용으로 사용하기 시작했다.

항체 치료제를 만드는 방법은 무엇인가?

오래전부터 연구용이나 소량의 항체를 만들기 위해 쥐의 복강경(laparoscope)에 항원을 주입하면 쥐는 항체를 만든다. 이 항체를 분리하여 연구용으로 사용하는데, 이 방법은 대량으로 항체를 얻기에는 부적합하다. 그래서 유전자를 재조합한 동물세포를 배양하여 생산한 항체를 많이 사용한다. 미생물을 이용하는 경우 항체 단백질의 분자가 크고 복잡하여 제대로 된 항체를 만들지 못하기 때문에 동물세포를 이용한다, 식물 잎에서 항체를 얻는 방식도 연구 중이다. 예를 들어 상추를 먹으면 항체도 같이 먹는다든가 담뱃잎에서 항체를 만든 후 그 잎에서 이를 분리하는 방법도 있다.

그러면 백신을 어떻게 만드는가?

백신은 기본적으로 세균 또는 유해물질(바이러스 포함)을 우리 몸에 주입하여 항체가 생기도록 하는 것이다. 최근 바이러스성 질병이 사회문제가 되자 달걀에 바이러스를 배양하여 사용하거나 미생물이나 동물세포를 이용하여 만들기도 한다. 효모(yeast) 같은 미생물에 세균의 세포벽 성분[예: 단백질 또는 다당류 등] 유전자를 조합하여 배양하고 분리 정제하여 백신을 만들 수도 있다. 탄저균 백신은 약화된 세균이나 죽은 세균을 사용하면 문제가 생길 수 있어 세포벽 성분을 생산하여 백신으로 사용한다.

생백신(Attenuated Vaccine)이란 병원체를 죽이지 않고, 대신 활동을 약화시켜 만든 백신으로 홍역, 풍진, 볼거리 백신 등이 이에 속한다.

아프리카 오지마을에는 간호사나 의사가 없어 백신주

UN 국제백신연구소 (IVI)
우리나라 정부와 빌 게이트 재단 등이 후원한다.

사접종이 어렵다. 이러한 환경에서 어떻게 할까?

현재 연구 중인 방식은 먹는 백신 개발이나 패치형태로 백신을 주입하는 방식이다. 아직 실용화까지 시간이 많이 필요하며, 모든 종류의 백신에다 적용하기도 어렵다. 현재는 자격 있는 봉사자들이 이런 곳에서 수고하고 있다.

열린 질문

오래 전부터 인생을 '생.로.병.사'로 표현하고 있다. 태어나고 늙고 아프지 말고 죽는다는 것이다. 이 중의 하나 아프지 않고 살아가는 것이 인생의 복이요 중요한 일이다. 인체를 보호하는 방법으로, 아프기 전에 백신 주사를 맞거나 병에 걸리면 치료를 받는 방법 등이 있다. 건강의 시작은 적절한 식사, 운동, 스트레스 없애기 등을 통한 건강 관리다. 또 다른 방법이 있다면 무엇일까? 어떤 방법이 효과적인가?

6

해양생물의 자기 보호 : 홍합접착제

바닷가에서 바다를 바라보면 가슴이 뻥 뚫리는 듯한 시원함을 느낀다. 그러면서 여러 가지 생각을 한다. 바닷가에서의 추억도 떠올리고 마냥 놀고 싶기도 하며, 수평선 너머에 있는 세계를 동경하기도 하고, 항해하는 배를 보며 멋진 배를 만들고 싶다는 생각과 바닷속 생명체에 대한 탐구심도 갖기도 한다.

바닷속에는 어떤 생물이 어떻게 살아가고 있을까? 해양생물에게도 자기를 보호하는 여러 가지 방법이 있다. 그 중에서 파도치는 바다에서 바위나 특정 물체에 달라붙어 있는 접착력을 들 수 있는데, 홍합이 만들어내는 접착제가 대표적인 예이다. 조개들도 같은 방

바위에 붙어 있는 홍합

식으로 배의 표면에 붙어
있다. 이것 때문에 항해할
때 배에 가해지는 물의 저
항이 커져 배가 속도를 내
지 못하고 기름도 많이 소
모하게 된다. 이에 대비하
기 위해서는 배에 조개류

가 달라붙는 것을 막아야 한다. 기동력이 중요한 해군에서
는 이를 중요한 문제로 다룬다. 이를 해결하지 못하면 일
정 기간마다 배에 붙은 조개류를 선박에서 제거해야 한다.
조개의 접착력을 연구하고 이를 막는 방법을 찾는 게 중요
하다. 이런 연구는 창과 방패에 비유할 수 있다.

#과학 · 홍합의 접착력

홍합은 파도치는 바다에서 어떻게 바위에 붙어 있는
것일까?

홍합이 만들어내는 접착제는 주성분이 단백질이다. 이
단백질은 전하(electrical charge)와 화학구조의 특이성으로 인해
바위에 단단히 붙는 것으로 알려져 있다.

#공학 · 홍합접착제와 방오도료

홍합접착제를 대량생산하기 위하여 미생물에 접착단백질 관련 유전자를 넣는다. 이 접착제는 인간은 물론 동물의 조직을 붙이는 용도로 사용할 수 있다. 지금은 인체를 수술하면 봉합사로 꿰매든가 접착제를 사용하는데 우수한 접착제가 필요하다. 2015년부터 우리나라 해양바이오 산업단에서 홍합접착제를 대량 생산하여 사람과 동물에게 사용하기 위해 연구해 왔다. 홍합접착제를 우리 몸에 사용하려면 어떤 점을 고려해야 하는가?

홍합접착제를 사람과 동물에 사용하기 위해서는 조직이 잘 붙어야 하고, 면역 거부반응이 없어야 하고, 대량생산이 가능하며, 저렴한 가격이어야 한다.

지금은 인체를 수술하면 봉합사로 꿰매든가 접착제를 사용하는데 우수한 접착제가 필요하다.

배에 조개류가 잘 달라붙지 않도록 페인트칠을 하는데, 이것을 방오 도료(antifouling paint, 防汚塗料)라고 한다. 오래전에는 납이 함유된 도료를 사용했는데 이로 인한 해양오염이 문제되어 이제는 사용하지 않는다. 어떻게 하면 조개류가 달라붙지 않을까? 어떤 도료를 개발해야 하는가?

배의 표면에 조개류만 달라붙지 못하게 해도 좋은 도료(paint)라고 한다. 단, 해양에 환경오염을 일으키지 말아야 한다. 해양오염 걱정이 없으면서 물고기처럼 배의 표면에 점성을 주어 항해 속도를 높일 수 있고 조개류가 달라붙지 않는다면 얼마나 좋겠는가. 이를 실현할 방법으로 배의 표면에 다당류를 만드는 미생물이나 세포를 붙이는 방법이 있다. 조개가 달라붙지 않으려면 다당류가 독성이 있어야 한다. 따라서 해양생태계에 영향을 주지 않을 정도의 독성을 지닌 다당류를 찾아 이용해야 한다.

열린 질문

물고기는 표면이 미끌미끌하다. 이와 관련된 물질은 무엇인가? 이렇게 미끌미끌하면 왜 좋은가? 돌고래는 속도를 내어 헤엄칠 때 점성물질을 더 많이 분비한다. 그 물질은 무엇인가? 이 물질을 배에 공학적으로 어떻게 적용할 수 있을까? 또 다른 곳에도 응용할 수 있을까?

4

인체의 이해

1

당뇨의 이해와 치료

일본 영화 「러브레터」(Love Letter, 1995)에서 우리가 잘 아는 대사 '오갱끼데스까?'(おげんきですか)가 나온다. 우리말로는 '건강하십니까?'라는 말인데, 우리는 이 말의 그 뜻을 안다. 인사말로 건강이나 안부를 물을 정도로 건강을 잃으면 모든 것을 잃는다고 생각한다. 그만큼 행복의 기본 조건은 건강이다. 건강해야 무엇이든 할 수 있다.

오늘날 우리 건강의 적신호로 암, 심혈관질환, 고혈압 등을 들고 있다. 이 중에서 당뇨는 대표적인 성인병이다.

최근 식생활의 변화로 당뇨병 환자가 증가하고 있다. 젊은이들에게도 당뇨가 많다고 한다. 당뇨란 뇨(오줌)에 당이 섞여서 나온다는 뜻이다. 그것은 혈액에 함유된 포도당(혈당) 농도가 높기 때문이다. 혈당의 농도가 높으니 혈액이 끈적거린다. 그러면 모세혈관에 영양분이

파란 원은 국제당뇨병연합에 의하여 소개된 것으로 당뇨병을 상징한다. 지구촌에 만연한 당뇨병을 강조하기 위해 원으로 나타냈다.

나 산소가 잘 전달되지 않기 때문이다. 또 신장에서도 피가 끈적거리니 신장의 활동이 원활하지 않아 신장이 손상될 수 있다. 인슐린이 제대로 생성되지 않으면 혈당 조절이 원활하지 않아 고혈당의 상태가 유지되기 때문이다. 이에 따라 체중 감소, 다뇨증, 다식증 등의 여러 가지 대사이상이 일어날 수 있다. 게다가 심혈관계 질환인 뇌졸중, 심장동맥질환 등도 발생할 수 있고, 다양한 말초혈관의 손상으로 인해 시각과 신장, 신경 등의 손상과 피부 질환도 겪을 수 있다.

#과학 · 당뇨병 원인과 인슐린 분비

당뇨병은 왜 발생하는가? 또 어떻게 진행되는가? 당뇨의 발생 원인과 진행과정을 두 가지로 나눌 수 있다. 1형 당뇨의 경우, 주로 어린 나이부터 발병한다. 인체의 면역세포가 인슐린을 생성하는 췌장의 베타세포를 외부 세포로 여기고 파괴하는 자가면역작용이 일어나는데, 이로 인해 인슐린이 생산되지 않아서 발생한다. 2형 당뇨는 일반적으로 '당뇨'라고 지칭되는 질병이다. 발병 원인이 다양하기 때문에 그 원인과 과정이 현재까지도 명확히 밝혀지지 않았다. 유전적 요인을 지닌 사람들에게 여러 가지 환경적인 요인이 작용하여 발병하는 것으로 알려져 있다. 이 과정에서 세포가 인슐린에 적절하게 반응하지 못하는 '인슐린 저항'이 중요한 개념으로 등장한다. 환경적 요인으로는 비만, 올바르지 않은 식생활, 운동 부족, 스트레스, 호르몬 분비 이상 등이 있다. 여러 가지 원인에 의해 인체에서 당 대사 교란이 일어나거나 과다한 당 섭취로 인해 혈당이 지속적으로 상승하는데, 일정 수준

일정 수준까지는 신체가 항상성을 유지하며 조절하다가 그 이상이 되면 당 조절에 실패한다.

까지는 신체가 항상성을 유지하며 조절하다가 그 이상이 되면 당 조절에 실패한다.

밥을 지나치게 많이 먹으면 몸이 부담을 느껴 당뇨를 일으킨다. 처음에는 변화에 잘 적응하지만 정도가 심하거나 오래되면 몸에 탈이 난다. 밥의 녹말 성분이 포도당으로 바뀌어 우리 몸에 저장된다. 그러다가 필요하면 이를 분해하여 신진대사에 사용한다. 이 과정에서 인슐린을 만들어내는 기관이 바로 췌장이다. 췌장에는 혈액 속 포도당 농도를 적절하게 유지하는 컨트롤 메커니즘이 존재한다. 혈당이 너무 높거나 낮으면 어떤 방식으로 적절하게 유지하는가? 여기서 사용되는 신호(signal)는 무엇이며 어떻게 전달되

는가?

혈당은 너무 낮으면 저혈당 쇼크(hypoglycemic shock)가 일어
날 수 있다. 그러나 혈당이 높으면 당뇨가 되어 앞에서 설
명한 여러 가지 문제가 발생한다. 췌장에서 나온 인슐린이
혈당을 감소시킨다. 혈당이 올라가면 췌장(이자)이 자극을
받아 혈액으로 호르몬을 분비하는데, 이때 포도당이 다른
것으로 바뀌어 저장된다. 즉 혈중에 분포하는 포도당을 글
리코겐의 형태로 바꾸어 간, 근육 등의 세포에 저장하거나
세포로 흡수하게 하여 사용하면서 혈당을 감소시킨다. 만
약 포도당 농도가 낮으면 간과 근육에서 글리코겐을 포도
당으로 분해한다. 그러면 혈액 중의 포도당 농도가 증가

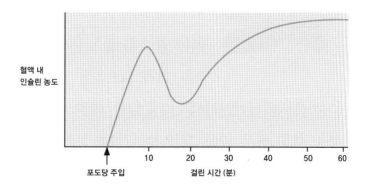

그림 4.1 (1) 포도당 주입에 따른 혈중 인슐린 농도

한다.

인슐린이 분비되는 과정을 실험을 통해 측정했더니 그림 4.1(1)과 같은 결과가 나왔다. 이 데이터를 해석하면 어떤 것을 알 수 있을까?

인슐린은 평소에 어느 정도 만들어져 있다. 그래서 필요한 경우 초기 대응이 가능하다. 더 필요하면 몸에서 만들어진다.

#공학 · 인슐린 주사와 인공췌장

인슐린이 제대로 만들어지지 않으면 어떻게 해야 하는가? 인슐린 주사를 맞거나 췌장이나 인공췌장을 이식하는 방법이 있다. 인공췌장은 아직 연구개발 단계에 있는데, 현재 미니돼지의 췌장을 이용한 실험이 진행되고 있다. 그렇다면 인공췌장이 갖추어야 할 조건들은 무엇인가?

당뇨환자에게는 혈당 조절이 가장 중요하므로 인슐린이 무엇보다 필요하다.

첫 번째로 인슐린 생산이 가능해야 한다. 당뇨환자에게는 혈당 조절이 가장 중요하므로 인슐린이 무엇보다 필요하다. 둘째, 적절한 시기에 적절한 양의 인슐린을 분비

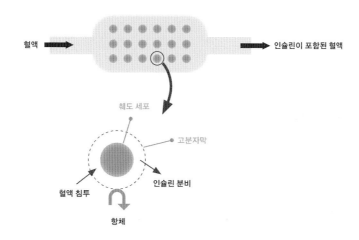

그림 4.1 (2) 인공췌장 모식도. 췌도세포를 고분자막으로 둘러싸 항체가 공격하지 못하도록 한다. 혈액은 통과하고 인슐린을 밖으로 분비한다.

할 수 있어야 한다. 즉 혈당의 등락을 지속적으로 감지해야 하고, 혈당이 일정 수준보다 높을 경우 인슐린을 분비하여 낮추되 적절하게 균형을 맞추는 능력도 갖추어야 한다. 셋째, 면역거부반응이 없어야 한다. 인공췌장은 신체의 면역세포에게는 체외에서 침입해온 항원으로 인식된다. 장기이식이 실패하는 가장 큰 이유도 이러한 면역거부반응 때문이다. 이를 위해 항원성을 제거하거나 지속적으로 이를 감추게 하는 수단이 필요하다

최근에는 몸속의 포도당 농도를 측정하여 필요하면 약

물을 투여할 수 있는 패치가 개발되고 있다. 땀성분에 극미량의 포도당이 포함되어 있는데 이 농도를 측정할 수 있다. 이러한 패치를 만들 수 있는 핵심 기술은 무엇인가?

한 가지 예로 투명도가 높은 그물망구조의 금박 위에 금으로 도핑(doping)한 그래핀(graphene)을 부착하고, 나노 크기의 당 측정 센서를 결합하여 혈당 측정용 패치형 전기화학센서를 만든다. 당 농도를 측정하면 농도에 따라 약물을 자동으로 주입할 수 있는 초소형 약물주입 기능을 패치에 결합시킨 것도 개발되었다. 국내에서도 이러한 연구가 수행되는 중이라 가까운 시일 내에 실용화될 것이다.

그래핀

 열린 질문

인공췌장을 만드는 데는 다양한 전공분야의 인력이 필요하다. 세포 조직을 배양하기 위한 조직공학, 면역 부적합을 해결하기 위한 생명과학, 혈당센서를 위한 전자공학, 이를 제대로 이식하고 적용하기 위한 의학 등의 전공이 필요하다. 그밖에 어떤 전공인력이 필요한가? 다양한 전공분야에서 어떻게 협력을 해야 하는가?

2

포도당 센서

당뇨병 증세가 조금 심한 환자는 아침마다 손가락을 바늘로 찔러 피를 낸 후 이를 센서에 묻혀서 혈당량을 측정한다. 손가락을 바늘로 찔러서 피 내는 것을 좋아하는 사람이 어디에 있겠는가. 그런데도 오랫동안 이 방법으로 혈당량을 측정해 왔다. 최근에는 이를 대신할 수 있는 다양한 센서 기술이 개발되고 있다.

센서(sensor)에는 여러 가지 종류가 있다. 물리적 원리를 이용하는 것, 화학적 원리를 이용하는 것, 그리고 생물학적 원리를 이용하는 것 등이다. 이 중에서 생물학적 원리를 이용하여 측정하는 바이오센서는 효소 같은 단백질이나 생체 내 물질을 이용하기도 하고 살아있는 생물체를 이용하는 등 광범위한 생물 소재

그림 4.2 포도당 농도 측정 기기

를 사용한다. 이 중에서 포도당 농도를 측정하는 경우를 예로 들어 바이오 센서에 대하여 알아보자.

#과학·포도당 센서의 원리

가장 오래되고 간단한 포도당 센서(glucose sensor)의 원리는 무엇인가?

포도당을 포함한 샘플(검체)이 전극의 막과 접촉하면 포도당은 다공성 막(membrane)을 통과하여 전극 내부로 이동한다. 그러면 전극과 막의 중간층에 존재하는 효소가 포도당과 반응해 과산화수소를 생성하고 다시 물과 산소로 분해된다. 생성된 산소가 전극의 전해질 용액으로 운반되면 전기화학적 반응으로 인해 전류가 발생한다. 이 전류는 생성된 산소의 양과 비례하며, 산소의 양은 포도당의 양과 비례하므로, 전류를 측정하면 포도당 농도를 잴 수 있다.

바이오센서는 생물학적 요소와 물리화학적 탐지기를 결합한 분석을 위한 장치로, 분석 물질의 탐색에 사용된다.

이 센서에 영향을 주는 요소는 무엇인가?

포도당 센서를 구성하는 소재가 모두 영향을 줄 수 있

다. 포도당 분자가 통과하는 멤브레인(막)의 특성과 두께, 이와 관련된 효소의 특성, 그리고 전기화학 반응에 관여하는 백금선 등이다. 이 중에서 어떤 것이 병목(bottleneck)에 해당되어 중요한지 이해해야 한다. 병목을 해결하면 더 빨리, 더 소량으로, 더 정확하게 포도당 농도를 측정할 수 있다.

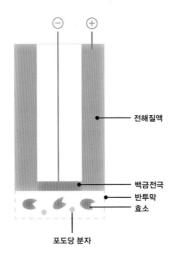

전해질액

백금전극
반투막
효소

포도당 분자

그림 4.2 포도당 센서 모식도
포도당 ⟶ 글루콘산 + 과산화수소 ⟶ 글루콘산 + 물 + 산소

효소를 이용하는 경우 시간이 경과하면 그 활성이 감소할 수 있다. 이를 고려하여 어떻게 측정할 수 있을까?

효소를 사용하기 전에 농도를 가늠할 수 있는 시료를

이용하여 측정하여 센서를 보정해준다. 또 활성이 변하지 않고 안정적인 효소를 개발하여 사용할 수 있다.

#공학 · 포도당 센서를 응용할 수 있는 분야

포도당 센서로 당뇨병 환자의 혈당을 측정할 수 있다. 이런 포도당 센서를 어떤 분야에서 응용할 수 있는가?

미생물을 배양할 경우 탄소원으로 포도당을 공급한다. 상업적인 면에서 저렴한 탄소원을 사용하지만, 연구용으로는 탄소원의 소모량을 알기 위해 포도당을 사용한다. 포도당 센서는 이 경우에 쓸모가 있다. 포도당 센서를 이용하여 포도당 농도를 측정하면 배양의 진행 정도를 알 수 있기 때문에 이를 통해 여러 가지 정보를 얻을 수 있다.

이 방법으로 혈액 내 포도당 농도를 측정하려면 몸에서 혈액을 채취해야 한다. 혈액을 채취하지 않는

전자 코의 응용은 가스 탐지기, 실내 대기 측정, 화재 경보 등의 환경 분야에 적용될 수 있을 뿐만 아니라 우리 몸의 질병을 예측하는 데에도 활용이 가능하다.

방식을 비침투적(noninvasive) 방법이라고 한다. 인체 혈액 내 포도당 농도를 이런 방법으로 측정할 수 있을까?

전통적으로 사용하던 방법은 크게 4가지로 구분할 수 있다. 광학적 방법, 전기생리학적 방법, 호기에 배출되는 기체를 이용한 방법, 조직에 센서를 삽입하여 혈액이 아닌 조직액을 측정하는 방법 등이다. 이 중 가장 광범위하게 사용되는 광학적 방법은 적외선, 빛 간섭, 편광, 광음향 등을 이용하는 것이다. 최근 체외로 분비되는 땀에 포함된 미량의 당을 측정할 수 있는 센서가 개발된 바 있다

열린 질문

우리 건강을 확인하는 데 필요한 센서는 무엇인가? 의료 목적으로 신체의 다양한 물질들을 측정할 수 있는 센서를 꼽을 수 있다. 당뇨환자의 혈당 측정, 성선자극호르몬을 통한 임신 여부 확인, 암세포와 같은 특정세포의 감지, 젖산, 요소 같은 생체물질의 탐지 등에 사용할 수 있다. 또한 거주환경을 개선할 목적으로 사용할 수 있는 바이오센서를 사용할 수 있다. 다이옥신과 같은 유해물질 측정, 환경호르몬 탐지, 폐수의 용존산소량과 중금속 같은 환경 관련 물질의 측정을 측정하는 데 활용할 수 있다. 최근에는 전자코, 전자혀와 같은 센서가 개발되고 있다. 전자코를 이용하여 마약과 폐암 등을 찾아내는 데 활용하고자 연구하고 있다. 미래에 우리에게 필요한 센서는 어떤 것인가?

3

우리 몸의 이해 : 간

간은 우리 몸에서 해독작용과 같이 중요한 역할을 하는 장기다. 주위에서 간경화, 간암 등의 간 질환으로 고생하는 사람이 많다. 술을 많이 마시거나 지속적으로 몸에 피로가 쌓여 간(liver)에 무리가 가면 문제가 발생한다. 우리 몸을 혹사하여 몸의 기관이 처리할 수 있는 범위를 넘어서면 질병이 생길 수 있다.

간 기능은 여러 가지다. 포도당을 글리코겐(glycogen)으로 바꾸어 저장하는 일을 한다. 우리 몸에 포도당이 필요하면 간에 저장된 글리코겐을 포도당으로 바꾸어 세포에 공급한다. 한편으로는 독성물질을 분해한다. 독성물질이 몸에 들어오면 다양한 효소작용을 통하여 무해한 화합물로 바꾸어 준다.

간은 독성물질이 몸에 들어오면 다양한 효소작용을 통하여 무해한 화합물로 바꾸어 준다.

간이 망가지면 간경변, 간염, 간을 일으킬 수 있다. 손상 정도가 심하지 않으면 남에게 떼어 주어도 재생이 가능하다. 그러나 손상 정도가 심하면 생명에 지장을 줄 수 있다.

#과학 · 간 기능 보호

독성물질이 인체에 들어오면 간에 부담을 주기 때문에 약을 개발할 때 간 독성 시험을 먼저 한다. 특정 질병에 약효가 있더라도 독성이 높으면 간이 손상될 수 있기 때문에 간을 보호해야 한다. 술을 많이 마시거나 간에 부담을 주는 음식을 많이 섭취하고 오랫동안 피로한 상태로 지내면 간이 망가진다. 따라서 쉬어야 한다. 간에 부담을 주는 행동을 하지 말아야 하며, 검진을 받고 약을 복용하는 것도 효과가 있다. 그래도 손상된 간이 회복이 안 되면 간 기능이 저하되어 간염과 간암 등으로 진행될 경우 환자의 생존을 위협할 수 있다. 실제로 간 문제로 고생하거나 죽는 사람도 매우 많다. 그렇게 되면 어떻게 해야 하는가?

무엇보다도 간 기능을 저하시키는 건강 보조제나 술, 담배와 같은 유해 기호식품은 피한다. 현 상태에서 더하여

> 독성물질이 인체에 들어오면 간에 부담을 주기 때문에 약을 개발할 때 간 독성 시험을 먼저 한다.

간 상태를 악화시킬 수 있는 요인을 제거하는 것이 급선무다. 또한 간흡충(간디스토마) 같은 기생충이 기생할 경우에는 담석과 같은 질병으로 간 기능 저하가 될 수 있으므로 정밀검사로 원인을 규명해야 한다. 더 이상 간 기능 개선이 불가능할 때는 건강한 간을 공여자로부터 이식받을 수밖에 없다.

간흡충은 감염되면 담관에서 주로 서식하기 때문에 담관에 심각한 피해를 입힌다. 상피세포가 암세포로 변이하여 증식하면 간암의 일종인 담관암이 발생한다. 이러한 병적 변화는 매우 심각하여 국제암연구기관(IARC)에서는 이 생물을 1군 발암 물질로 규정하고 있다.

#공학 · 인공 간을 만드는 방법

간이식도 할 수 없는 상황이 되면 인공 간을 만들어 환자의 간을 대신할 수 있다. 인공 간은 어떻게 만들 수 있을까?

인간과 상당히 유사한 면이 많은 돼지를 무균상태로 키워 간세포를 분리해 낸다. 이후 분리해낸 간세포를 구형태로 배양하고 적합한 물질의 캡슐 형태로 감싼다. 간 기능이

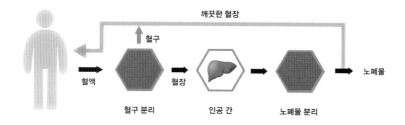

그림 4.3 인공 간 시스템 모식도. 간은 혈액 속의 독성물질을 분해하여 노폐물로 배출시킨다.

저하된 환자의 혈장을 이 간세포로 순환시켜 체외에서 간 기능을 대체하게 한다. 장기적으로는 본인의 간세포를 배양하거나 줄기세포로부터 간 조직을 분화하여 간을 만드는 것이 바람직하다.

인공간을 다른 분야에도 응용할 수 있을까?

신약을 개발하는 과정에서 후보 물질의 독성검사를 해야 하는데, 이때 일반적으로 동물을 이용하여 간 독성을 시험한다. 인공 간이나 간세포를 바이오센서(바이오칩) 형태로 만든 제품이 개발되면 동물실험을 대체할 수 있어서 동물을 보호할 수 있을 것이다.

열린 질문

우리가 만들 수 있는 인공 장기에는 어떤 것이 있는가? 우리 몸에 필요한 인공 장기는 무엇이 있으며, 이를 어떻게 개발할 수 있을까?

4

우리 몸의 이해 : 콩팥

우리 몸에서 콩팥(신장, kidney)도 중요한 기능을 한다. 콩팥은 우리 몸의 노폐물을 걸러내는데, 이 기능을 하지 못하면 몸이 붓고 소변 이상증세와 피로감이 심해진다.

간과 심장은 하나씩 있지만 콩팥은 두 개로 좌우에 하나씩 있다. 그래서 아들이 아버지에게, 어머니가 자식에게 콩팥을 하나 떼어 주었다는 소식을 가끔 접할 수 있다. 콩팥은 몸에 하나만 있어도 기본적인 기능은 할 수 있기 때문이다.

#과학·콩팥의 기능과 당뇨병의 영향

콩팥은 우리 몸에서 혈액 내의 노폐물을 어떻게 제거하는가?

우리 몸에서 콩팥은 생성된 노폐물을 배출하고 몸의 체액량을 조절하는 기능을 한다. 콩팥은 네프론(nephron)이라는 가장 기본적인 구성체로 이루어져 있다. 인체를 순환하던 혈액이 콩팥으로 들어가게 되면 그 압력차에 의해 노폐물을 포함한 단백질, 수분, 염 등 다양한 내용물을 걸러낸다. 신체대사에 필요한 물질은 재흡수 과정을 통해 다시 혈액으로 흡수한다. 이 과정에서 수분과 노폐물을 소변의 형태로 배설한다.

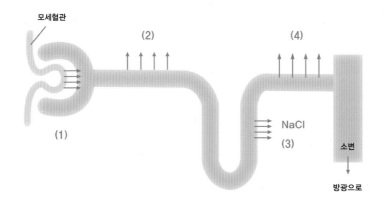

그림 4.4(1) - 콩팥의 기본단위인 네프론의 기능 모식도

(1) 모세혈관의 포도당 등의 영양분, 이온, 물, 노폐물이 확산 작용에 의하여 콩팥으로 전달되고, (2) 포도당, 이온, 물은 회수되고, (3) 염분이 회 수되고, (4) 물이 회수된다.

콩팥 기능에 문제가 생긴 환자의 상당수는 당뇨병을 앓고 있다고 한다. 당뇨병이 왜 콩팥에 영향을 미치는 것일까?

당뇨병은 혈중 포도당의 양이 지나치게 많은 상황을 의

미한다. 우리 몸은 에너지원인 포도당을 적정량 혈액을 통하여 몸 구석구석으로 운반한다. 당뇨환자의 경우에는 당을 과다하게 함유한 혈액이 콩팥을 통과하면 콩팥의 많은 모세혈관은 당에 취약해진다. 당 수치가 높은 혈액은 그 점도(끈적거림 정도)가 높다. 이런 혈액이 콩팥 네프론의 핵심 구조물인 사구체의 가느다란 모세혈관을 지나면서 그 혈관을 막거나 파괴하여 혈관벽을 비정상적으로 만든다. 그러면 모세혈관이 손상되는데, 이 현상이 지속되면 콩팥은 원래 기능을 상실하게 된다.

#공학 · 인공신장 투석장치

콩팥 기능이 저하된 환자는 복막 투석을 하거나 인공신장 투석을 한다. 인공신장 투석장치를 이용하여 몸의 노폐물을 걸러낼 때 인공신장 투석장치는 어떤 역할은 하는가? 이 장치의 한계가 있다면 무엇인가?

인공신장 투석장치는 콩팥 자체의 질환 혹은 당뇨 합병증으로 신부전(renal failure)이 있는 환자들의 상실된 콩팥기능을 대체하는 장치다. 체내 노폐물 배출을 돕는 체외 콩팥으로 이해할 수 있다. 환자의 혈액을 인공신장 투석장치로 흐르게 한 후 반투과성의 막을 경계로 체액과 투석액의 삼투압과 농도의 차이를 이용하여 과다한 수분과 노폐물을 제거한다. 이를 통해 깨끗해진 혈액을 환자에게 다시 돌려준다. 인공신장 투석장치로 신부전환자의 생존율은 많이 상승했으나 해결할 문제는

인공신장 투석장치는 콩팥 자체의 질환이나 당뇨 합병증으로 신부전이 있는 환자들의 상실된 콩팥기능을 대체하는 장치다.

여전히 있다. 이러한 치료를 매주 3회씩, 매번 4시간 이상 받아야 하므로 환자의 불편도 크지만, 비용과 시간 소모도 상당하다. 또 생명유지를 위해서는 평생 받아야만 한다. 현재 휴대용 투석기가 없기 때문에 반드시 투석기를 보유한 병원을 방문해야만 한다. 혈관투석은 우리 몸에서 큰 혈관인 정맥을 통해 투석을 진행한다. 이때 혈액의 흐름이 무척 강하기 때문에 반복적으로 시술하면 혈관 손상도 상당할 수밖에 없다.

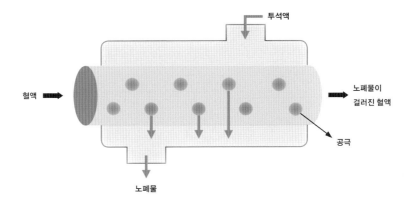

그림 4.4(2) 인공신장 투석기 모식도

막(membrane)에 혈액을 통과시키면 막표면의 공극(pore)을 통하여 크기가 작은 물질 (노폐물)이 밖으로 나온다. 염분과 포도당을 포함한 투석액(isotonic solution)을 넣어주 므로 포도당과 염분은 밖으로 빠져 나오지 않는다.

 **열린 질문**

인공신장 투석기와 콩팥은 세부 기능이 어떻게 다를까? 신 장 투석을 받다가 결국 콩팥이식을 받는 경우도 많다. 다행스 럽게도 우리 몸에 콩팥이 2개 있으므로 하나가 없어도 살 수 있다. 그래서 이식할 때 면역거부반응이 없는 가족이나 가까 운 친척이 콩팥을 하나 떼어 환자에게 제공하는 사례가 많다. 콩팥 이식도 받기 어려운 상황이라면 인공신장을 만들어 이 식하면 좋겠는데, 아직 인공신장은 개발되어 있지 않다. 몸에 이식 가능하거나 휴대할 수 있는 인공신장을 어떻게 만들 수 있을까?

5

혈액의 조성과 기능

'혈액형'하면 어떤 것이 떠오르는가? 가끔 혈액형으로 성격을 예측하고 판단하는 경우가 많다. 혈액이 A형이면 어떻고 AB형이면 어떻다고 사람을 혈액형으로 판단한다. 그럴 듯하게 들린다. 또 옛날에는 친구나 동료끼리 팔에 상처를 내어 피를 낸 다음 술에 타서 그것을 같이 마시고 "우리는 피를 나눈 형제/동지야!"라며 의리를 표시하던 때가 있었다. 피를 나눈 관계라면 형제나 가족을 말할 텐데 그러한 이벤트를 통해 친형제가 됐다고 생각하고 평생 형제와 같이 끈끈한 관계로 지냈다. 그만큼 혈액(피, blood)이나 혈액형에 대한 사람들의 관심도 높다.

우리 몸에서 혈액은 과연 어떤 역할을 하는 것일까?

혈액은 체중의 8% 정도를 차지하는데, 혈액은 혈장과 혈액세포(혈구)로 이루어져 있다. 심장에서 나오는 동맥과 심장으로 들어가는 정맥 그리고 신체의 각 부분으로 세세하게 연결된 모세혈관을 타고 흐른다. 이 과정에서 혈액이 산소는 물론 포도당, 단백질 같은 영양분을 온몸에 전달하거나 외부에서 침입한 세균을 물리치기도 하고, 우리 몸속 여러 기관이 일을 할 때 내는 열이 한쪽에 치우치지 않도록 체온을 조절해준다.

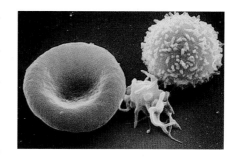

적혈구, 혈소판, 백혈구의 전자현미경 이미지

혈액에서 혈장은 90% 이상의 물로 이루어져 있는데 단백질, 지방, 당, 무기염류 등이 녹아 있어 노란색을 띤다. 생명유지에 필수적인 혈액응고인자, 전해질 등이 포함되어 있다. 혈액세포(혈구)는 적혈구, 백혈구, 혈소판 등으로 이루어져 있는데, 대부분을 차지하는 적혈구 속 헤모글로빈(혈색소)에 의해 붉은색을 띤다.

#과학 · 적혈구의 산소 운반 역할

적혈구는 산소를 운반하는 역할을 한다. 산소를 어떻게 운반하는가?

적혈구는 헤모글로빈 분자로 이루어져 있다. 헤모글로빈은 산소 운반에 관여하는 물질로 철을 포함한 단백질로 산소와 결합하여 산화되면서 적혈구가 붉은색을 띠게 한다. 이렇게 헤모글로빈 분자에 붙어서 산소가 이동한다. 헤모글로빈은 폐에서 산소와 결합했다가, 조직에서 산소를 분리시켜 세포에 산소를 공급한다. 기체의 분압(partial pressure) 차이와 확산(diffusion)에 의해 산소와 이산화탄소의 교환이 일어난다. 다시 말해 산소와 분리된 헤모글로빈은 조직에서 만들어진 노폐물(이산화탄소)의 일부와 결합하여 폐로 돌아간 후 날숨의 형태로 이산화탄소를 배설하고 다시 산소와 결합한다

적혈구의 산소 운반 능력을 올리려면 어떻게 해야 할까? 또 그 효과는 무엇인가?

저산소상태에 반복적으로 노출시키는 훈련으로 산소 운반능력을 점차 향상시키거나 고농도의 산소에 노출시켜 헤모글로빈에 결합하는 산소양을 늘리는 방법도 있다.

#공학 · 고산지대 적응방법

고산지대 주민은 고산 환경에 잘 적응한다. 히말라야 산(Himalayas)이 있는 네팔 주민의 혈액 속 헤모글로빈 양은 보통 사람보다 약 50% 많다. 이것은 오랫동안 고산지대 생활에 적응했기 때문으로 보인다. 고산지대를 방문할 때 그곳 산소 농도가 낮아서 어려움을 겪을 수 있다. 어떤 방법으로 이를 극복할 수 있을까?

고산에 먼저 적응해야 한다. 높은 산에 오르려면 중간 중간에 적응 기간을 두어 등반을 하는 것이 좋다. 혈액순환 개선제를 복용하는 것도 한 방법이다. 혈액 순환이 잘되면 그만큼 산소 전달이 잘되어 고산증을 이겨낼 수 있기 때문이다. 고농도 산소로 호흡하면서 고산증을 이겨낼 수도 있겠다.

고산병 증상

- 두통과 어지러움
- 이인감, 비현실감, 붕 뜬 느낌, 판단력 저하, 실신
- 운동시 호흡곤란, 빠른 맥
- 귀가 먹먹해짐
- 소화불량이나 구토, 식욕부진 등
- 숙면을 이루지 못함
- 콧구멍이 건조해지고 코피가 나기도 함
- (심각한 증상) 마른기침, 각혈, 휴식시에도 호흡곤란 지속, 기면과 의식의 저하 등

그렇다면 산소 호흡 능력이 우수한 인간을 만들 수 있을까? 그 방법은 무엇인가? 그 장점은 또 무엇인가?

산소 호흡 능력이 뛰어난 인간을 만들려면, 산소 전달에 관련된 유전자를 증폭시켜 헤모글로빈을 많이 생성하게 만들 수 있다. 또 헤모글로빈 유전자를 변형시켜 산소와 많이 결합하게 하는 방법을 사용할 수도 있다. 이렇게 만들어진 인간은 장시간 운동을 할 수 있고 힘든 육체적 활동을 해도 쉽게 지치지 않을 것이다.

열린 질문

혈액을 기증하는 사람의 수는 적고 혈액의 수요는 많기 때문에 오래전부터 인공혈액 개발의 필요성이 제기되었다. 인공혈액은 최소한 어떤 기능을 갖추면 될까? 인공혈액의 연구개발은 어디까지 진행되었을까?

혈액형에 따라 성격을 구분하는 경우가 있다. 이 구분의 근거는 무엇인가? 혈액형이 성격에 미치는 메커니즘을 과학적으로 어떻게 설명할 수 있을까? 이와 관련된 가설은 무엇인가?

6

줄기세포

도마뱀은 꼬리를 잘라도 재생시키는 능력을 가지고 있다. 신기한 동물이다. 줄기세포에서 꼬리가 재생되는 모양이다. 식물의 세포도 전능세포라서 어느 부위를 잘라 심어도 다시 자란다. 그러나 동물의 경우 도마뱀과 같이 특수한 경우를 제외하고는 손상된 조직을 되살리지 못한다.

그런데 사람에게도 분화 가능한 세포가 있다는 사실이 밝혀졌다. 정자와 난자가 결합된 배아세포는 본질적으로

잘린 꼬리를 재생시키려면 많은 에너지가 필요하고 꼬리에 지방을 저장하기도 하기때문에 꼬리를 끊는 것은 비효율적인 방어법이다. 한번 끊고 다시 자라난 꼬리는 다시는 끊어지지 않아, 꼬리 자르기는 일생에 단 한 번 사용 가능한 행동이다.

줄기세포(stem cell)지만, 조직 내의 세포가 줄기세포로 변환될 수 있다는 것이다. 오래전에 사람의 척수에서 줄기세포를 얻어서 그것을 배양하여 백혈구를 만들고 이를 다시 몸에 넣어주는 시술을 하였다. 특수목적으로만 가능한 것이

었지만, 이제는 줄기세포가 우리에게 새로운 가능성을 보여준다.

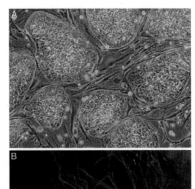

줄기세포는 여러 종류의 신체 조직으로 분화할 수 있는 능력을 가진 세포이기에 만능세포(pluripotent cell)다. 좁은 의미로는 다분화능 세포(multipotent cell)라고 할 수 있다. 오래전 줄기세포와 관련된 뉴스가 자주 소개되던 시절이 있었다. 줄기세포의 연구 결과가 난치병 치료에 유용할 수 있기

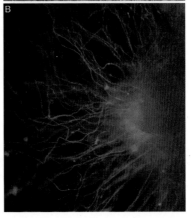

인간배아줄기세포(위)와 여기에서 분화된 신경(아래)

때문이었다. 지금은 줄기 세포를 이용한 몇 가지 질병 치료와 미용제품이 소개되고 있다.

#과학 · 줄기세포의 종류

줄기세포는 형성되는 방식이나 근원에 따라 성체줄기

세포, 배아줄기세포, 역분화줄기세포 등으로 분류한다. 성체줄기세포는 성숙한 조직과 기관 속에 들어 있고, 배아줄기세포(만능줄기세포)는 수정란이 처음으로 분열할 때 형성되며, 유도만능줄기세포 (induced pluripotent stem cell, 역분화줄기세포)는 다 자란 세포를 원시상태로 되돌려 얻는다.

줄기 세포(stem cell)는 실제로 태생기 전능세포를 지칭한다. 이는 어떤 조직으로든 발달할 수 있는 세포를 의미한다. 줄기 세포는 주로 초기 분열 단계의 배아로부터 채취된다.

앞으로 어떤 세포로 분화하는지에 따라 중간엽줄기세포, 조혈모세포, 조골세포 등으로 분류한다. 중간엽줄기세포(mesenchymal stem cell)는 수정란이 분열하여 생긴 중배엽에서 분화된 연골, 골조직, 지방조직, 골수의 기질(stroma) 등에 존재하는 줄기세포를 말한다. 조혈모세포(hematopoietic stem cell)는 주로 골수에 존재하면서 증식과 분화 등을 통해 백혈구, 적혈구 및 혈소판 등의 혈액세포를 만들어 내는 능력을 지닌 세포다. 조골세포(osteoblast)는 척추동물의 경골을 만드는 세포로서 세포 밖으로 골질을 분비하고 스스로는 골질에 싸여 골세포로 변한다.

이 중에서 역분화줄기세포(induced pluripotent stem cell) 기술을 제시한 연구자가 2012년 노벨상을 받기도 했다.

#공학 · 줄기세포의 활용문제

줄기세포는 어떤 분야에서 활용할 수 있을까? 줄기세 포는 주요 질환을 치료하는 데 사용할 수 있다. 특히 인공장 기, 신경손상환자, 심혈관질환, 혈액질환, 암, 연골 재생, 아 토피피부염 등에 활용하면 효과가 좋을 것으로 기대된다.

제대혈줄기세포, 성체줄기세포, 배아줄기세포, 역분화 줄기세포 중에서 무엇이 활용하는 데 윤리적으로 문제가 되는가? 그 이유는 무엇인가?

배아줄기세포가 문제가 된다. 역분화줄기세포와 성체 줄기세포는 다 자란 세포가 계속 분열활동을 하는 경우로 인체의 일부분을 그 근원으 로 한다. 따라서 한 생명체 를 해치거나 잠재적인 생 명을 해치는 것과는 거리가

하나의 배아줄기세포를 변형시 키는 것은 한 생명을 죽이거나 그 운명을 바꾸는 것이다.

멀다. 하지만 배아줄기세포는 이를 계속 배양하면 하나의 온전한 생명체를 만들 수 있다. 다시 말해서 하나의 배아줄 기세포를 변형시키는 것은 한 생명을 죽이거나 그 운명을 바꾸는 것이다. 생명은 그 자체로 모두 소중하며 그 경중(輕 重)을 따질 수 없다. 즉 많은 생명을 살릴 수 있다 하더라도

한 생명을 손상시키는 행위는 윤리적으로 용납될 수 없다.

종교계에서는 생명윤리 관점에서 배아줄기세포의 연구와 사용에 대하여 반대한다. 그래서 다른 방법으로 줄기세포를 얻는 많은 연구를 진행하여 여러 가지 다른 방법을 얻기도 했다.

열린 질문

영화 「아일랜드(Island)」는 사람이 장기가 손상된 경우 미리 만들어 놓은 복제인간의 장기를 활용하는 문제를 다룬 영화다. 장기가 손상되었을 때 인공장기나 줄기세포 이용을 생각해 볼 수 있다. 이런 방법보다 더 나은 방법은 없을까?

7

사이보그 인간과 뇌과학

영화 「피그」(Pig, 2011)는 나노 로봇을 이용하여 뇌 기억을 제거한다는 내용을 다룬 영화다. 뇌 속에 저장된 기억을 지우거나 입력할 수 있는 세상이 곧 다가올 것 같다. 그렇게 되면 우리 세상은 어떤 모습이 될까?

오늘날 내가 생각하고 있는 이미지나 단어가 무엇인지를 알아내고, 내 생각과 기억을 저장해 두었다가 출력 · 재생할 수 있는 기술이 개발되고 있다. 그러면 나의 기억과 생각이 편집될 수도 있을 것이다. 이런 점에서 과학기술이 어느 수준까지 두렵기도 하다.

최근 인공지능과 뇌 과학의 발달로 인간을 흉내 낸 로봇 관련 기술이 많이 개발되고 있다. 인간과 같은 감정을 어떻게 부여하느냐가 중요한 과제다. 또 로봇이 과연 인간 능력을 넘어설 수 있는가? 이것도 중요한 관심사다. 더 나아가서 인간의 신체 일부와 로봇의 기계 몸

사이보그 재단

사이보그 재단은 2010년 사이보그 행동주의자, 예술가들이 만든 비영리기관으로, 관련되는 연구, 창조활동 등의 사업을 하고 있다.(본부는 뉴욕시)

을 가진 사이보그 인간에 관한 연구도 이루어지고 있다. 사이보그(cyborg)란 뇌를 제외한 신체를 다른 것으로 대체한 개조 인간, 넓게 보면 개조생명체를 가리킨다. 따라서 사이보그 인간은 신체의 일부가 본래의 신체 유래가 아닌 인공물질로 대체된 인간을 말한다. 그 예로 의족, 의안, 의수, 인공장기 등을 대체한 경우를 들 수 있다.

영화「사이보그」(1989)

#과학 · 뇌신경과 기계의 연결

뇌신경과 기계를 연결할 수 있을까? 가능하다면 어떤 방법으로 연결할 수 있을까?

인간의 장기와 같이 복잡한 수준의 조절은 불가능하지만, 생각으로 움직일 수 있는 정도는 현재도 연결이 가능하다. 예를 들어 신경세포와 인공기관의 전극을 연결하여 신경근육전극을 통해 기계의 제어시스템과 연결할 수 있다. 신경세포의 신호가 기본적으로 전기신호이기 때문에 인체의 신호를 기계가 인식할 수 있도록 긴밀하게 결합하도록 만들어내면 가능하다.

그렇다면 원격으로 조정을 할 수 있을까?

이는 현재도 활발히 연구 중인 분야이다. 위에서 말한 바와 같이 기본적으로 전기신호를 통해 기계를 움직일 수 있으므로, 이러한 신호를 원격 조정하는 것도 가능하다. 사람을 원격 조정한 예는 아직 없지만, 작은

영국의 물리학자 스티븐 호킹 박사 (1942~2018)는 루게릭 병에 걸렸지만, 장애를 극복하고 연구를 꾸준히 했다.
호킹의 손가락이나 눈썹의 운동을 인지할 수 있는 특수장치와 컴퓨터를 장착한 휠체어에서 말하고 글을 썼다.

곤충 사이보그나 기계를 원격 조정하고는 있다. 작은 곤충을 제작하여 사람이 쉽게 접근할 수 없는 곳에 들어가도록 적용하는 프로토타입(prototype, 시제품)이 제작되어 활용되고 있다.

인간의 머리와 로봇 몸으로 만든 사이버 인간은 가능한가?

뇌 활동을 하는 데도 에너지가 필요하므로 우리는 식

사를 한다. 특히 아침
에 탄수화물을 섭취
해야 에너지가 두뇌
로 공급될 수 있으므
로 두뇌를 많이 쓰는
학생은 아침에 식사

쥐의 뇌에 전기 자극을 주기
위해 전극을 삽입했다.

를 꼭 해야 한다. 인간의 두뇌에 로봇
의 몸을 연결하는 것을 상상할 수 있
지만, 실제로 이런 상태에서 뇌의 생물학적 기능을 유지할
수 있을지 의문이다.

#공학·사이보그 기술 분야와 주의할 점

인공눈을 만들면 광학렌즈를 통해 들어오는 신호를 두
뇌의 신경에 연결해야 한다. 이 일을 할 수 있는 전공분야
는 무엇인가?

전기공학분야는 전기신호를 신경에 연결시키는 데 중
요한 분야이다. 눈의 생리적 작용을 이해해야 하므로 의학
분야의 협력도 중요하다.

뇌 과학의 발달로 뇌에서의 신호를 해석하여 긍정/부

곤충 로봇은 인공 사이보그 곤충이다.

정, 진실/거짓 등을 추정하는 연구가 진행되고 있다. 이러한 연구는 사람의 생각을 읽을 수 있는 수준까지 진행될 것이다. 그렇다면 인간의 생각을 읽는 연구는 어디까지 허용되어야 하는가?

군사적 목적이나 과학수사 측면에서 연구를 진행하고 있으나, 과학적 호기심에 의한 연구를 막을 방법이 없다. 연구 수준을 어디까지 허용할지 결정하기 쉽지 않다. 특정한 경우에만 허용한다 해도, 어떠한 경우인지를 인간적인 면, 정보보호 측면 등에서 많은 사람들의 의견을 수렴하여 신중하게 접

인간의 생각을 읽는 연구는 어디까지 허용되어야 하는가?

근해야 한다.

열린 질문

얼마 전 인공지능 알파고(AlphaGo)와 세계 최고 수준의 바둑기사의 바둑시합이 세계적으로 화제가 된 적이 있다. 알파고는 슈퍼컴퓨터를 사용하여 다양한 경우의 수를 계산할 수 있고, 또 학습 기능을 갖춘 인공지능 바둑 소프트웨어이다. 인공지능을 갖춘 로봇이 인간을 정말 능가할 수 있을까?

8

치매와 알츠하이머병

"나는 이제 내 인생의 황혼을 향한 여행을 떠납니다." 이것은 미국의 제40대 대통령인 로널드 레이건(Ronald Reagan, 1911-2004) 대통령이 알츠하이머 진단을 받은 후 미국인들에게 남긴 글의 일부다. 우리 주위에는 치매 진단을 받은 사람들, 파킨슨병 같은 뇌질환으로 고생하는 사람들이 많다. 치매와 관련된 뇌 질환으로 무엇이 있는가?

치매는 인지기능에 장애가 생겨 평소처럼 일상생활을 유지하기 어려운 상태를 의미한다. 치매를 일으키는 질병으로 알츠하이머병, 혈관성치매 등이 있는데, 이 중에서 알츠하이머병은 발병률이 매우 높다.

고 레이건 대통령

#과학 · 알츠하이머병

알츠하이머병(alzheimer's disease)이란 무엇인가?

치매를 일으키는 가장 흔한 퇴행성 뇌질환으로 알츠하이머병을 지목한다. 왜냐하면 뇌 속의 단백질이 어떤 원인들에 의해 변화되고 섬유화되어 기능을 상실하면서 치매로 이어지기 때문이다. 알츠하이머병은 장시간에 걸쳐 일어나는데, 여러 가지 물질이 반응을 촉진한다는 가설도 있다. 초기에는 기억력이 상실되고 심해지면 감정 변화가 심해지고 방향감각장애, 우울증, 인지 장애 등이 나타난다.

#공학 · 치매 진단과 치료

치매를 진단하고 치료할 수 있는 방법은 무엇인가?

최근 혈액 속의 특정 단백질의 변성을 측정하여 치매를 진단하는 방법이 개발되었다. 또 기억력, 언어 기능, 정보 이해, 공간 기능, 판단력과 주의력 등의 인식 기능 중 두 개 이상이 현저하게 손상될 경우 치매로 진단한다. 치료는 현

혈액 속의 특정 단백질의 변성을 측정하여 치매를 진단하는 방법이 개발되었다.

상태가 더 악화되지 않도록 유지시켜주는 정도이다. 해당

대뇌엽의 지속적인 자극 즉, 반복적으로 기억하게 하고, 정보 이해 작업을 수행시켜 관련 부위의 변성을 막는다. 지금으로서는 치매를 치료할 의료기술이 없으므로 그 진행을 늦추는 것이 최선이다.

열린 질문

치매의 진행을 늦추는 방법으로 무엇이 있을까? 가족이나 친구와 이야기하기, 그림 그리기, 노래 부르기, 운동하기 등 다양한 방법이 시도되고 있으나 한계가 있다. 치매를 예방하고 치료하는 연구가 얼마나 진행되었는가? 앞으로 어떤 연구가 더 필요한가? 관련하여 뇌세포를 활성화시키거나 뇌기능을 향상시키는 방법은 무엇인가?

5

생명과학과 유전

1

돌연변이

SF영화 중에는 돌연변이를 소재로 한 영화가 많은데, 「뮤턴트」(Mutants, 2008), 「뮤턴트-다크 에이지」(Mutant Chronicles, 2008), 「뮤턴트-변종 바이러스」(Mutants, 2009) 등이 대표적이다. 오래전 영화로 원자력발전소의 방사능 누출로 사람보다 더 큰 개미가 괴물로 변하여 사람을 공격하는 내용의 영화도 있었다[「개미왕국(Empire Of The Ants, 1977)」]. 진화에 관련된 학설 중에는 환경변화에 적응한 돌연변이(mutant)가 살아남는다는 학설도 있다.

원래 생명체에게 없던 형질이 유전자나 염색체에 이상이 생겨 자손에게 유전되는 현상을 '돌연변이'라고 한다. 돌연변이는 방사선, 방부제, 매연가스 등이 그 원인인 것으로 알려져 있다. 돌

유전자에 변이가 일어나서 꽃잎이 부분적으로 노랗게 되었다.

연변이는 암의 원인이 되기도 한다.

#과학 · 돌연변이의 발생원인

방부제, 매연가스, 방사선 등이 왜 돌연변이를 일으키는가?

유전자의 기본 구조인 DNA는 방부제, 매연가스, 방사선 등에 노출되면 손상될 수 있다. 방부제나 매연가스 같은 화학물질은 DNA의 이중나선 구조에 끼어들어가는 경우가 많다. 예를 들면 방부제의 일종인 벤조산나트륨이 DNA를 파괴한다는 연구결과가 있고, 그 밖에도 여러 가지 방부제들이 돌연변이를 일으키기도 한다. 방사선의 경우 파장이 매우 짧고 강한 에너지를 지닌 전자기파인데, 고에너지 자체로 DNA 구조에 영향을 주어 이를 파괴한다. 방사선보다 훨씬 파장이 길고 저에너지인 자외선은 살균기로 이용되는데, 전자기파는 DNA 특히 염기서열에 치명적인 영향을 준다.

이처럼 방부제, 매연가스, 방사선, 방부제 등에 염기가 영향을 받아 돌연변이가 된다. 그렇다면 돌연변이에는 어떤 것들이 있을까?

돌연변이는 점 돌연변이(point mutation), 해독틀 이동 돌연변이(frame shift mutation)로 나눌 수 있다. 점 돌연변이는 DNA서열 중에서 하나의 염기가 바뀌어 일어난 돌연변이를 의미하는데, 미스센스 돌연변이(missense mutation), 넌센스 돌연변이(nonsense mutation), 침묵 돌연변이(silence mutation) 등이 있다. 해독틀 이동 돌연변이(frame shift mutation)는 하나 이상의 염기쌍에 변형이 일어나는데, 점 돌연변이에 비해 훨씬 광범위하고 크게 달라진다. 이러한 돌연변이 중에는 기능에 심각한 영향을 주는 것도 있지만 겉으로 영향이 나타나지 않는 것도 있다.

진화론적 관점에서 돌연변이는 진화의 원동력이 된다.

변이를 고쳐주는(repair) 메커니즘도 있지만 한계가 있어 이러한 변이가 나타나는 것이다.

돌연변이와 진화의 상관관계를 어떻게 설명하면 좋을까?

진화론적 관점에서 돌연변이는 진화의 원동력이 된다. 생명체의 돌연변이는 염색체의 분열과정에서 무작위적으로 발생한다. 특정 방향을 선호하거나 일정한 방향으로 진행되기보다 유전자를 이루는 염기서열에 우연히 변화가 일어난다.

만약에 염기서열의 변
화로 인해 개체에 새로운
형질이 생겼다고 가정해
보자. 이러한 새로운 형질이
환경에 부적합하고 불리한 것이

나비 화석

라면[예를 들어 어두운 배경색의 환경에 서식하
는 밝은 색의 곤충이라면 포식자들의 눈에 쉽게
띄어 쉽게 잡아 먹힐 수 있다] 그러한 형질을 가진 개체 수
는 빨리 줄어들기 때문에 결국 그 유전자는 사라질 것이다.
하지만 환경에 적합하고 생존에 유리한 것이라면 상대적
으로 불리한 다른 개체들이 먼저 도태되고, 변성된 유전자
를 지닌 개체는 비중이 증가하게 된다. 이렇게 전체적으로
변성된 유전자를 갖는 방향으로 변하게 되면 이를 진화로
볼 수 있다.

#공학 · 돌연변이와 인공적인 유전자 조작

돌연변이는 산업미생물 개발, 우수종자 생산 등에 이용
된다. 돌연변이와 인공적인 유전자 조작을 비교하면?

돌연변이는 위에서 말한 것과 같이 무작위적으로 발생하지만 유전자 조작의 경우 목적 달성을 위해 관련 부분의 염색체만 원하는 방향으로 조절한다. 돌연변이는 원래 지니고 있던 유전자에 변이가 일어나는 것이지

DNA의 일부를 들어내고 바꾸어 넣을 수 있다.

만, 유전자 조작(gene manipulation)은 외부에서 유전자를 넣는 경우가 많다. 이 경우 외부의 유전자가 세포 내의 다른 유전자에 영향을 끼칠 수 있다는 점에서 위험해 보인다. 유전자 조작은 특수한 효소를 이용하여 유전자를 절단하거나 연결한다.

 **열린 질문**

인공적으로 돌연변이를 일으키면 진화를 앞당길 수 있는가? 인간은 어떤 모습으로 진화하면 좋을까? 새처럼 날 수 있고, 소처럼 풀을 먹고 소화할 수 있으며, 슈퍼맨처럼 힘이 강하다면 정말 좋을까?

2

암의 발병과 치료

우리 주위에는 암으로 고통받거나 이로 인해 일찍 죽음을 맞이하는 사람들이 많다. 나이가 들었다고 암에 걸리는 것이 아니다. 어린 나이나 젊은 나이에도 암에 걸릴 수 있다. 그래서 사람들은 암에 걸리지 않고 건강하게 사는 데 관심이 많다.

암(cancer)이란 무엇이기에 우리가 관심을 갖는 것일까?

종양은 인체 조직을 구성하는 세포들이 과잉 성장하면서 비정상적으로 형성된 덩어리를 의미한다. 이는 양성종양과 악성종양으로 구분되는데, 이를 단순히 임상적으로 위험 여부와 연결할 수만은 없다. 양성종양은 비교적 성장 속도가 느리고 전이되지 않으며 주변 조직을 파괴하지 않지만, 악성종양은 주위 조직에 침윤하면서 빠르게 성장하고 인체 각 부위에 확산되거나 전이되어 생명을 위협한다. 일반적으로 암이라고 하면 악성종양과 거의 유사한 의미를 지닌다.

#과학・암 발병원인과 방어 메커니즘

암은 어떻게 생기는가? 암의 시작을 세포나 유전자 수준에서 어떻게 이해할 수 있을까?

어릴 때는 성장인자가 많아 세포분열이 일어나지만 나이가 들면 성장인자가 부족하여 세포분열이 정지한다. 화학방부제 같은 화학제품과 방사선이 활성산소와 유전자 DNA를 변화시킬 수 있다. 유전자가 잘못되면 바로잡아주는 기능이 우리 몸에 존재하지만 이것이 작동하지 않으면 암이 될 수 있다. 암은 돌연변이 발생과 유사하다. 다양한 형태의 발암물질(carcinogen)이 몸속으로 유입되면 세포주기를 정상적으로 조절해주는 유전자의 DNA에 변화를 일으킨다. 이 돌연변이는 세포 내에 존재하는 수선(repair) 메커니즘으로 교정되거나 제거된다. 하지만 오랫동안 지속적으로 유입된 발암물질로 인해 돌연변이가 제대로 교정되지

목에 있는 종양을 수술로 제거하기 전, 후의 네덜란드 여인 모습 판화 (1689)

못하여 형질이 바뀌면서, 세포주기가 제대로 작동하지 않게 된다. 이렇게 되면 세포가 비정상적으로 과잉 성장하여 종양이 생기는 것이다.

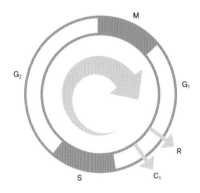

그림 5.2 세포주기

S : 합성기로서 DNA를 합성한다. M : 체세포분열기, G1, G2 는 S와 M 사이의 갭 (gap)을 나타낸다. 제한점 (R)에 성장인자가 있으면 계속 합성기로 넘어가고 성장인자가 없으면 성장하지 않는다. G1에 검사점 (check point) C1이 있다.

우리 몸은 암을 어떻게 방어하는가?

우리 몸에는 암 방어 메커니즘(defense mechanism)이 여러 가지 있다. 첫째로 발암물질의 체내 유입을 막기 위한 일차적 방어 메커니즘이 있다. 예를 들어 발암 물질 중 하나인 자외선에 노출되면 피부는 멜라닌이라는 색소를 생산하여 자외선 유입을 방어하는데, 이로 인해 피부가 검게 변한다. 둘째로 DNA 수준에서 변성을 고치는 메커니즘이 있다. 유입된 발암 물질로 인해 유전자 수준의 DNA 변성이 일어날 경우, 변성이 일어난 염기쌍을 교정하거나 통째로

제거하고, 올바른 염기쌍을 새로 채워 넣는 식으로 돌연변이를 제거한다. 셋째로 세포 수준에서 없애려

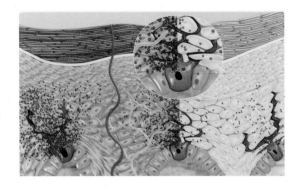

UV에 의한 DNA의 손상을 막기 위해 피부세포에 멜라닌이 많이 합성된다.

고 한다. 세포 내에 있는 세포자살 메커니즘인 세포자연사 (apoptosis)를 유도하거나 면역학적 수준에서 변성된 세포를 없앤다.

#공학 · 암 예방과 치료

암에 걸리지 않으려면 어떻게 생활해야 할까?

장수마을로 알려진 곳에 사는 노인들의 환경을 조사한 결과, 시골에서 깨끗한 공기와 물을 마시고, 건강에 좋은 음식을 먹으며 살고, 가벼운 운동을 하며 열심히 살려는 의지를 지녔다고 한다. 암으로 생존이 어렵다고 판정 받은 경우 시골에서 생활하며 이겨냈다는 이야기를 자주 접할

수 있는 것도 참고해 볼 만하다.

암을 진단하고 치료할 수 있는 방법은 무엇인가?

현대 의학에서 모든 암을 진단하는 방법은 아직 존재하지 않는다. 암은 발병했을 때 특히 많이 검출되는 유전자나 특정 물질의 분석을 통해 검사할 수는 있다. 기본적으로 환자의 연령대와 생활, 가족상황, 병력, 증상 등을 수집한 기록물인 환자력(case history)을 바탕으로 관련 부위를 검사한 영상을 보거나 조직검사 결과를 참고하여 암을 확진한다. 암은 주로 방사선과 약물 치료, 외과적인 절제방식을 사용하여 많이 치료한다.

암은 주로 방사선과 약물 치료, 외과적인 절제방식을 사용하여 많이 치료한다.

양성 종양과 같이 경계가 명확하거나 잘라낼 수 있는 부위에 발병한 암은 약물치료와 병행하여 문제된 부위를 절제하는 외과적 방식을 가장 많이 사용한다. 하지만 외과적 수술에 부적합한 부위나 환자의 수술거부 때는 약물이나 방사선 단독 치료, 혹은 병합치료를 한다. 최근에는 면역요법으로 암을 치료하기도 한다. 인체의 면역력을 강화하거나 외부에서 면역 강화에 관련된 물질을 넣어서 암을 치료하는 것이다.

열린 질문

암세포를 다른 목적으로 이용할 수 있을까? 현재는 항체 (monoclonal antibody) 생산에 이용한다. 종양세포는 일반 세포보다 빨리 성장하고 증식한다. 그래서 항체를 만들 수 있는 세포와 종양세포를 융합하면 빨리 성장하기 때문에 많은 양의 항체를 만들 수 있다. 둘 이상의 같거나 다른 종의 세포를 융합하여 항체를 만들 수 있는 세포가 바로 하이브리도마 (hybridoma)다. 암세포를 이용할 수 있는 또 다른 방법은 무엇일까?

3

멘델의 유전법칙

옛날에는 농사와 사냥으로 먹고 살았다. 따라서 자연환경에서 살아남는 것이 무엇보다 중요했기에 강한 사람과 결혼해야 했다. 오늘날에도 현대 문명사회에서 살아남는 것이 중요하다. 건강이 기본이기는 하나 근육질보다는 경제능력이 중요하다. 물론 복잡한 현대 사회를 살아가는 데에 따뜻한 인성과 감성은 기본이다.

좋은 배우자를 만나기 위해, 그리고 따뜻한 인성과 경제능력을 갖추기 위해 우리가 준비해야 할 것은 무엇인가? 이런 능력을 갖추기 위해서는 유전적 요소가 중요한가 아니면 후천적 노력이 중요한가?

유전자재조합과 유전자치료 기술은 1865년 멘델(Gregor Mendel, 1822~1884)이 발표한 유전법칙(laws of inheritance)으로부터 시작되었다. 이후 1950년대 DNA의 구조가 규명되고 1973년에 유전자재조합 기술이 소개되면서 생명공학의 시대가 본격적으로 열렸다. 인슐린과 같은 단백질치료제가 대량생산 되기 시작하였고 GMO(Genetically Modified Organism) 기술에 의해 농업혁명과 함께 바이오화학산업이 시작되었다.

#과학·멘델의 유전법칙

멘델은 어떻게 유전법칙을 찾아낸 것일까?

19세기 멘델은 오스트리아의 수도원에 사는 수도사였다. 그때 수도원에서는 몇 가지 채소는 재배하여 먹었는데, 재배하던 완두 가운데 같은 조건에서 키가 큰 것과 그렇지 않은 것이 있음을 발견했다. 수도사라면 모든 것을 창조주의 뜻으로 생각하고 넘어가도 되었지만, '왜 그렇게 되었을까?' 하는 호기심이 발동하여 이를 관찰하고 몇 가지 실험을 했다. 그 결과 형질(形質)이 유전된다는 사실을 알아냈다.

멘델의 유전법칙이란 무엇인가?

멘델은 완두를 이용하여 7년간 실험한 결과를 정리하여 발표했다. 이것이 바로 멘델의 유전법칙이다. 멘델이 실험에 사용한 완두는 꽃 속에 생식기관인 수술과 암술을 모두 갖고 자가수분(self-pollination)을 했기 때문에 특정 유전형질이 고정된 순종 상태를 자손에게 그대로 물려주었다. 자가수분은 한 그루 식물 안에서 자신의 꽃가루를 자신의 암술

머리에 붙여 같은 유전
자끼리 교배하는 방법
이다. 이런 실험 결과
를 정리하여 멘델은 7
가지 대립되는 유전형
질을 선택하고 이를 잡
종 교배한 후 자식 세
대에 발현되는 형질을

멘델

관찰했다. 그 결과를 정리하여 우열의 법칙, 분리의 법칙,
독립의 법칙 등의 유전법칙으로 발표했다.

　우열의 법칙(law of dominance)은 순종의 대립 형질끼리 교배
할 경우 우성의 표현형만 드러난다는 것이다. 멘델은 동그
란 완두와 주름진 완두를 오랜 시간 각각 교배하여 순종을
얻어냈다. 이렇게 만들어진 두 완두를 교배했더니 잡종 제
1대 모두 동그란 완두가 되었다. 동그란 완두는 우성 형질
이고 주름진 완두가 열성 형질이기 때문에 동그란 완두의
형질만 나타난 것이다. 이전까지는 두 가지 유전형질이 섞
이면 그 중간 형태가 나타난다고 생각했다. 그런데 실험결
과에서는 한 가지 형질이 다른 형질을 압도한다는 사실을
알려주었다. 이를 통해 형질 간에 우위성이 존재한다는 사

실이 밝혀냈다.

분리의 법칙은 우성만이 발현된 잡종 제1대를 자가수분하여 잡종 제 2대를 얻었는데, 동그란 완두와 주름진 완두의 비율이 3대 1 정도로 나타나며 다시 우성과 열

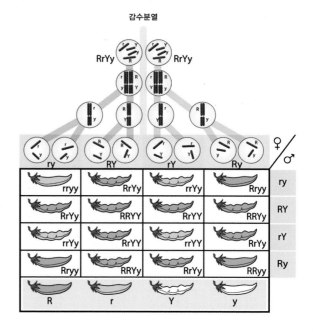

감수분열과 생식에 의해 다양한 형질을 가질 수 있다.

성이 분리되어 나타난다는 것이다. 이렇게 가려져 있던 열성 형질이 겉으로 다시 드러나면서 형질이 서로 분리된다는 사실을 알게 되었다.

독립의 법칙은 서로 다른 대립형질 중 두 쌍 이상의 대립형질이 존재할 때 그 유전 현상에 서로 영향을 미치지 않고 독립적이라는 것이다. 멘델은 동그랗거나 주름졌거나 상관없이 순종인 초록색 완두와 노란색 완두를 교배하였다. 그러자 잡종 제1대에서 노란색 완두가 우성형질이

고, 이를 자가수분하면 잡종 제2대가 노란색 완두와 초록색 완두가 3대 1의 비율로 분리된다는 것을 확인할 수 있었다. 이를 통해 완두의 각각의 형질(색깔과 모양)이 서로에게 영향을 주지 않고 우열의 법칙과 분리의 법칙을 만족한다는 점에서 독립적이라는 사실도 발견하였다.

#공학 · 유전 정보와 유전공학 기술

열성유전자를 발현할 필요성이 있는가? 우성과 열성유전자가 같이 있는 경우 열성 유전자를 발현하려면 어떻게 해야 할까?

예를 들어, 키 작은 식물(열성)은 높이가 낮은 공간에서 재배하여 수확할 수 있다는 장점이 있지만, 키 큰 식물(우성)은 장대나 사다리를 이용해야 한다는 단점이 있을 수 있다. 전통적인 방법으로 종자를 개량하여 열성유전자만 지닌 종자를 찾아낸다. 또는 유전자조작을 하여 열성유전자만 남길 수 있다.

유전 정보는 어떻게 활용할 수 있을까?

실제로 범인을 찾거나

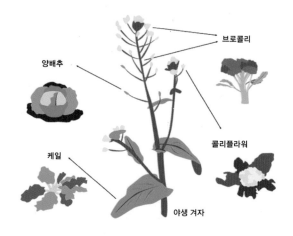

브로콜리

양배추

케일

콜리플라워

야생 겨자

야생겨자로부터 수백
년 동안 선택적으로
품종개량을 한 결과
오늘날의 다양한 식물
이 생겼다.

친자 확인, 유전병 여부, 식품이 GMO 제품인지 또는 식품 속에 유해세균이 있는지 등을 확인하는 데에 유전 정보를 활용한다. 또 미생물, 동물세포, 식물세포 등에 유전자를 넣어 원하는 제품을 생산하거나 원하는 형질을 갖게 하는 데 사용한다. 장기적으로는 유전자 서열과 그 기능의 관계를 이해하면 질병의 진단, 예방, 치료에 활용할 수 있고 새로운 유전자를 넣거나 편집하여 바람직한 종으로 개량할 수도 있다.

유전공학 기술의 장점과 문제점은 무엇인가?

유전공학 기술은 다방면에서 사용할 수 있다. 유익한 형질만을 드러나게 하고 유해한 형질들은 미리 찾아내어 제거하는 방식을 적용할 수 있다. 의학적으로 발병에 큰 영향을 줄 수 있는 유전자를 자손에게 물려주지 않도록 미리 그 유전자를 삭제하는 데 활용할 수 있다. 농업적으로는 생산성이 뛰어나거나 병충해를 이겨낼 수 있는 작물을 만들어 낼 수 있다. 단순히 형질 발현 수준을 넘어서 과거에 존재하지 않던 형질을 도입하여 의약품 생산이나 생분해성 플라스틱의 생산 등에 이용할 수 있다. 하지만 이러한 유전자 조작은 생명체가 지닌 존엄성 그 자체를 훼손할 수 있다는 윤리적인 문제가 따른다.

특히 생명체 탄생 이전 마치 신과 같이 이를 교정하거나 생명 창조에 관여한다는 것의 의미를 깊이 고민해 볼 필요가 있다. 더욱이 유전자 조작에 관한 장기적인 연구결과가

범인을 찾거나 친자 확인, 유전병 여부, 식품이 GMO제품인지, 식품 속에 유해세균이 있는지 등을 확인하는 데에 유전 정보를 활용한다.

축적되어 있지 않으므로 그 효과를 확신할 수 없다. 따라서 장기적인 관점에서 새로운 질병을 일으키거나 자연 파괴에 영향을 주는지 여부를 철저히 검토한 후에 시도해도 늦지 않다.

열린 질문

유전법칙을 DNA 수준에서 어떻게 설명할 수 있는가? 우리가 유전자에 대하여 알고 싶은 내용은 무엇인가? 알고 있는 것과 모르는 것은 무엇인가?

유전법칙의 발견 이후 유전자재조합기술이 어떻게 탄생했는가? 지금까지 이와 관련하여 중요한 발견이나 발명이 있다면 무엇인가? 그리고 그것은 어떻게 이루어졌는가?

4

유전 : *DNA*

오랫동안 많은 사람이 즐겨 본 SF 영화로「스타워즈」(Star Wars, 1977)와 「쥬라기공원」(Jurassic Park, 1993)을 들 수 있다. 그 중 영화「쥬라기공원」에는 DNA복제기술이 등장한다. 호박(amber) 화석에서 고대 도마뱀(공룡)의 피를 빤 모기를 찾아내고 그 몸속에서 공룡의 DNA를 채취한 뒤 이를 양서류의 DNA와 결합하여 각종 공룡들을 만들어낸다. 그리고 공룡의 번식과 행동을 쉽게 제어할 수 있다고 낙관하면서 '쥬라기공원'이라는 테마파크를 만든다. 그러나 이 공룡들을 제어하는 데 실패하면서 사고가 발생한다.

영화「쥬라기공원」을 감상하고 아래와 같은 질문에 대해 생각해 보자.

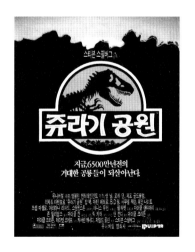

영화「쥬라기공원」

- 영화에 등장하는 생명공학

기술은 무엇인가? 지금 실현할 수 있을까?

이를 실현하려면 어떤 지식과 기술이 필요한가?

- 공룡을 제어하려면 어떻게 해야 할까?

공룡의 야생본능은 어떻게 통제할 수 있을까?

이에 필요한 과학지식과 기술은 무엇인가?

- 공룡 복제에는 윤리적 문제가 없는가?

그렇다면 특정 인간도 복제할 수 있는가?

(찬성과 반대 논리를 제시하여 토론하는 것이 바람직하다.)

- 이러한 내용을 활용하여 새로운 사업을 할 수 있을까?

이를 위해 알아야 할 과학기술, 시장정보 등은 무엇인가?

#과학 · DNA 결합형태

DNA란 무엇인가?

자연에 존재하는 2가지 핵산-DNA(dioxyribonecleic acid)와 RNA(Ribonucleic acid)-중에서 DNA는 유전자의 가장 기본 물질이다. 생물체는 세포 분열을 하면서 생장하고 증식하는데, 이때 유전정보를 담아 전달하기 위해 염색체(chromosome)를 여러 개 만든다. 이 염색체 구성물질 중에서 DNA는 유전자의 본체를 이루는 유전물질이다.

이 DNA는 이중나선(double helix) 구조로 이루어져 있다. 이 사실은 1953년 미국의 제임스 왓슨(James Watson, 1928~)과 영국의 프랜시스 크릭(Francis Crick, 1916~2004)이 X선 회절 사진을 이용하여 밝혀낸 사실이다.

DNA는 인산, 디옥시리보스, 염기로 구성되는 뉴클레오티드의 결합체이다. 기다란 사슬 두 가닥이 새끼줄처럼 꼬여 있는 구조인데, 마치 사다리를 비틀어서 꼬아 놓은 것

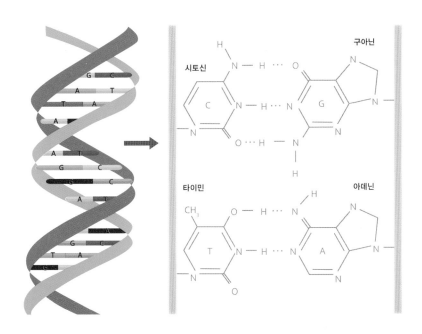

그림 5.4 DNA 상보적 염기쌍 결합형태. 이중나선 구조를 갖는데, A는 T와, G는 C와 서로 결합한다.

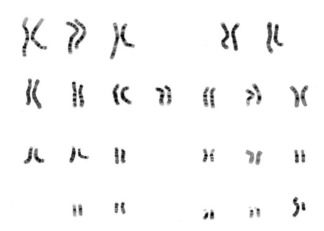

남성의 이배체 게놈을 구성하는 염색체 이미지

같다. 두 가닥의 사슬에서 골격은 당과 인산으로 연결되어 있고, 두 사슬 사이의 염기와 염기는 약한 수소 결합으로 연결되어 있다. DNA를 이루는 염기는 아데닌(A), 티민(T), 시토신(C), 구아닌(G)인데, A는 T와, G는 C와 각각 결합하여 유전정보를 전달한다. 염기와 염기의 결합은 약한 수소 결합이기 때문에 이중나선이 단일나선으로 쉽게 풀릴 수 있다.

왜 DNA의 염기쌍은 A-T, G-C로 결합하는 것일까? 잘못 결합되는 경우는 없는가?

A-T는 2개의 수소결합으로 연결되며, G-C는 서로 3개의 수소결합자리로 연결되어 서로 맞는 짝과 결합하는 것만이 원칙적으로 가능하다. 하지만 유전자 복제 과정에서 외부 조건의 영향, 구조상의 문제 등으로 잘못 결합하는 오류가 발생할 수 있다.

#공학 · 인공적인 DNA 합성

DNA를 인공적으로 합성할 수 있을까? 가능하다면 어떤 분야에 어떻게 응용할 수 있을까?

DNA 합성에 필요한 기본 구성 재료인 염기들에 반응을 진행시킬 수 있는 효소를 넣어주고 반응이 일어날 수 있도록 온도를 유지하면 인공적으로 DNA를 만들 수 있다. PCR(polymerase chain reaction, 중합효소 연쇄반응)은 DNA를 만들거나 분리된 DNA를 증폭할 때 사용할 수 있는 대표적인 기술이다. 적은 양의 DNA만을 검출해도 이 과정을 통해 DNA를 대량으로 합성하여 양을 늘릴 수 있다. 그래서 현재 법의학이나 연구목적으로 다양하게 응

DNA를 인공적으로 합성할 수 있을까. 가능하다면 어떤 분야에 어떻게 응용할 수 있을까.

용되고 있다.

열린 질문

염기서열은 어떻게 확인할 수 있는가? 염기서열을 알면 어디에 활용할 수 있을까?

5

유전자 검사

영화「맘마미아」(Mamma Mia, 2008)의 첫 장면을 보면 주인공 딸의 친부가 누구인지 궁금할 수밖에 없다. 주인공 딸은 자신의 결혼식에 아버지일 가능성이 있는 사람 3명을 초대한다. 요즘 같으면 유전자 검사로 간단히 알 수 있을 것이다. 그런데 왜 사람들은 친부 검사를 하는가? 친모 검사는 의미가 없는 것인가?

2019년 기준으로 유전자 검사를 할 때 약10만 원을 지불하고 자신의 침(타액)을 보내면 며칠 안에 이를 통해 분석한 유전자에 관한 보고서를 받아볼 수 있다. 실제로 이런 일을 해주는 회사가 있다. 질병에 걸릴 확률부터 식생활, 운동에 관련된 항목까지 확인할 수 있다. 유전자 검사 과정을 보면, 침에서 DNA를 추출한 다음

영화「맘마미아」

PCR을 이용하여 DNA 양을 늘린 다음 유전자의 특정 염기서열 부분의 이상 여부를 검사한다. 검사하는 부분이 무려 100만 개나 된다. 앞으로 유전자의 염기 서열과 그 기능의 관계를 이해하게 된다면 60억 개의 염기를 모두 검사할 날이 올 것이다. 어쨌든 100만 개의 특정 염기를 읽어 여러 가지 사항을 알 수 있는 시대가 되었다.

#과학·유전자 검사의 범죄수사 활용

과학수사를 할 때 어떻게 혈흔으로 범인을 찾는가?

범죄 수사물을 보면 범죄 현장에서 수집한 혈흔에서 DNA를 추출하고 분석하여 범인을 찾는다. 추출된 DNA는 대부분 양이 매우 적으므로, PCR 방법으로 DNA를 다량으로 얻는다. 이것으로 개인이 지닌 독특한 염기 서열을 확인한다. 사람

겔 전기영동장치

전기영동(電氣泳動, Electrophoresis)은 전극 사이의 전기장 하에서 용액 속의 전하가 반대 전하의 전극을 향하여 이동하는 현상이다.

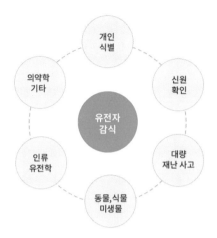

국립과학수사연구원 법유전자과 유전자감식 업무 종류

의 DNA 중 짧은 염기서열이 여러 번 반복되는 부위가 있는데, 이 부위를 제한효소로 자르면 사람마다 길이가 다른 DNA 조각이 형성된다. 이 조각을 전기영동법(electrophoresis)으로 분리하면 사람마다 띠의 위치가 다르게 나타난다. 이 방법으로 친자 확인도 할 수 있다.

#공학 · 유전자 검사의 양면성

유전자 검사와 유전체 정보가 지닌 긍정적인 면과 부정적인 면은 무엇인가?

이는 범인을 식별하거나 유전병을 예측하고, 개인별 맞

춤의약을 만들 수 있다는 점에서 긍정적일 수 있다. 그러나 취업, 보험 계약 등에서 불이익을 받을 수 있으며 사생활을 침해할 수 있다는 부정적인 면도 있다.

열린 질문

유전자의 염기 서열과 그 기능의 관계에 대하여 어떤 것을 알고 싶은가? 그것을 어떻게 알 수 있을까?

6

단백질 합성

오늘날 단백질 생산과 이를 이용한 신약품 개발로 수익을 내는 기업들이 늘어나고 있다. 우리나라 기업인 셀트리온, 삼성바이오로직스는 단백질치료제를 생산하는데, 주로 '바이오시밀러(biosimilar)'를 생산한다. 미국에서 1973년 유전자 재조합 기술이 소개된 이후 단백질치료제가 많이 생산되고 있다. 단백질은 그 구조가 복잡하여 화학 합성으로는 만들기 어려운데, 유전자 재조합 방법이 새로운 전환기를 마련해 주었다. 항체 단백질도 이와 유사한 방법으로 생산하고 있다.

단백질치료제와 같은 바이오의약품을 복제한 것이 '바이오시밀러'라면, 이러한 바이오의약품을 개선한 것이 바이오베터다.

산업에서 생산기술은 특허(patent)로 보호된다. 최근 몇몇 단백질치료제의 특허가 만료되어서 제3자도 이들 단백질치료제를 생산할 수 있게 되었다. 단백질치료제와 같은 바이오의약품을 복제한 것이 '바이오시밀러'라면, 이러한 바이오의약품을 개선한 것이 바이오베터(biobetter)다. 이는 의학 분야는 물론 산업 분야에서도 매우 중요한 의미를 가진다. 예를 들면, 인간성장호르몬(human growth hormone)의 경우 종전에는 매일 주사를 맞아야 했으나 이런 불편을 해소하고자 일주일이나 한 달에 한 번만 주사를 맞으면 되도록 개량한 의약품이 개발되었다. 주사제 대신 먹을 수 있는 알약이나 패치 형태의 제품으로도 개발하고 있다. 이제는 산업에서 단백질치료제 개발과 생산이 큰 부분을 차지하고 있다.

단백질은 다양한 기관과 효소, 호르몬 등 우리 몸을 이루는 주성분이며, 물 다음으로 몸에서 많은 부분을 차지하며 여러 가지 기능을 담당한다. 특히 효소, 호르몬, 항체 등과 같은 구조단백질, 근육과 머리카락과 같은 기능단백질이 있다. 생물체는 필요한 단백질을 다양하게 합성하여 활용한다.

#과학·단백질 합성 유도 메커니즘

우리 몸은 기본적으로 필요 없는 것은 하지 않는다. 그래서 단백질도 몸에 필요한 만큼만 만들어 활용한다. 그런데 호흡 관련 효소단백질은 우리 몸이 움직이는 한 계속하여 작용해야 하므로 항상 단백질을 생산한다. 이런 것을 '구성 메커니즘'(constitutive mechanism)이라고 한다.

이와 달리 어떤 효소는 필요할 때만 만들어 이용한다. 그 대표적인 예로 소화효소를 들 수 있다. 소화효소는 어떻게 만들어질까?

음식을 먹으면 우리 몸은 소화효소를 생합성하여 필요한 곳에 분비함으로써 소화작용을 돕게 한다. 그렇다면 소화효소 생합성이 필요하다는 신호는 어떻게 전달되는 것일까? 음식물 자체는 분자량이 커서 소화효소의 생합성을 촉진하는 데 부적합하다. 따라서 우리 몸은 소화효소를 소량 만들어 침샘 같은 곳에 미리 저장해 둔다. 음식물이 들어올 때 이 소화효소가 분비되어 음식물을 작은 분자로 분해하는데, 이 저분자 물질이 단백질 소화효소의 생합성을 본격적으로 유도한다. 이것을 '유도 메커니즘'(induction mechanism)이라고 한다. 유도 메커니즘에 따르면, 단백질 합성에 관련된 조절유전자(regulator gene)가 리프레서(repressor)를 만든다. 리프레서가 작동유전자

(operator gene)에 결합하면 그 다음 과정으로 넘어 가지 않는다. 그러나 리프레서와 유도물질이 결합하면 작동유전자가 자유로워져 구조유전자(structural gene)에서 단백질의 생합성이 일어난다. 이러한 유도 메커니즘 속에서 소화효소가 충분히 만들어지면 단백질 생합성이 종료된다.

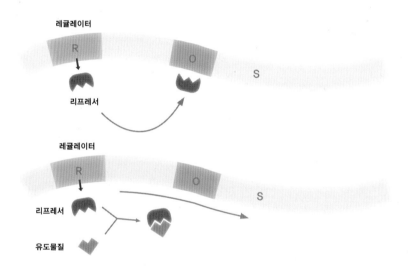

그림 5.6 단백질 합성 유도 메커니즘 모식도. (a) 조절유전자(regulator gene) (R)는 리프레서(repressor)를 만든다. 리프레서가 작동유전자(operator gene) (O)에 결합하면 그 다음 과정으로 넘어가지 않는다. (b) 리프레서와 유도물질이 결합하면 작동유전자가 자유로워져 구조유전자(structural gene)(S)에서 단백질의 생합성이 일어난다.

#공학 · 단백질 대량생산과 그 수명

단백질 생합성을 증가시켜 단백질을 대량생산하려면 어떻게 해야 할까?

미생물이나 동물세포를 이용하는 경우 외부에서 단백질에 관련된 유전자를 넣어 주는데, 이때 단백질 분자가 여러 개 동시에 발현하고 생합성 되도록 유전자수(gene copy)를 늘릴 수 있다. 또한 미생물이나 동물 세포의 수를 증가시키는 것도 방법이 될 수 있다.

단백질은 필요가 없어지면 어떻게 될까? 우리 몸에서 단백질은 역할을 다하고 나면 분해된다. 치료용 단백질인 경우 우리 몸에서 체류 시간이 길면 좋을 때가 있다. 단백질 치료제 주사를 매일 맞지 않아도 되기 때문이다. 산업용 효소의 경우 그 수명이 오래 가면 좋을 텐데, 어떻게 하면 단백질의 수명을 길게 할 수 있을까?

우리 몸에서 단백질은 역할을 다하고 나면 분해된다.

단백질을 생분해성 고분자로 둘러싸면 이 고분자가 분해되면서 단백질이 서서히 방출된다. PEG(polyethylene glycol)를 단백질과 결합시키면, PEG가 단백질을 둘러싸는 보호막 역할을 하여 몸에 주사했을 때 분해 효소의 접근을 어느 정도 차단할 수 있으므로 단백질의 수명이 길어질 수 있다.

열린 질문

단백질은 구조가 복잡하여 합성하기가 쉽지 않다. 그래서 분자량이 많지 않은 펩타이드 화합물을 화학적 방법으로 합성하려는 시도가 있다. 이때 어느 정도 크기까지는 단백질 합성이 가능하다고 한다. 단백질을 시험관에서 합성할 수 있는 방법으로 무엇이 있을까?

7

단백질 치료제 : 인슐린

최근 의약계에서 단백질 치료제 개발이 대세다. 인간의 성장호르몬이나 항체가 모두 단백질이기 때문에 이와 관련된 유전자재조합기술은 단백질 대량생산을 촉진시키고 있다. 특히 인슐린은 유전자재조합 기술을 이용하여 최초로 대량생산된 단백질 치료제다.

오래전부터 당뇨병환자는 인슐린 주사를 맞았다. 인슐린은 돼지의 췌장에 있는 인슐린을 추출하여 인간에게 맞도록 일부 변환시킨 것이다. 따라서 도축되는 돼지 숫자에 비례하여 인슐린을 얻을 수 있다 보니 한정된 공급량과 비싼 가격이 문제가 되었다. 그러나 유전자재조합기술

혈당을 재고 있다.

이 소개되자 마자 이를 가장 먼저 활용하여 이런 문제를 해결할 수 있었다.

#과학 · 인슐린의 기능

인슐린이란 무엇인가?

인슐린은 혈액 속의 포도당 농도를 일정하게 유지하거나 낮추는 역할을 하는 호르몬(hormone)이다. 호르몬은 몸에서 분비되어 혈액을 타고 필요한 기관으로 이동한다.

우리 몸에서 신호를 전달하는 것으로 호르몬과 신경이 있다. 이 둘의 차이는 무엇인가? 호르몬은 혈관 안으로 분비되어 필요한 곳까지 전달되기 때문에 내분비물질이라고 한다. 신경(nerve)은 몸의 각 부분의 자극을 중추에 전달하는 실 모양의 기관이다.

호르몬의 일종인 인슐린은 췌장의 랑게르한스섬에 있는 세포에서 분비된다. 몸안에서 혈당을 내려주는 유일한 호르몬이다.

호르몬은 혈액을 통해 지속적인 조절 역할을 하는 반면, 신경은 신경세포 뉴런을 통해 빠른 속도로 전달하면서 효과는 오래 지속시키지 않는다.

이러한 호르몬의 일종인 인슐린은 췌장의 랑게르한스섬에 있는 세포에서 분비된다. 몸안에서 혈당을 내려주는 유일한 호르몬이다. 많은 조직과 기관에서 직·간접으로 작용하고 다른 호르몬과도 밀접한 관계를 유지하면서 대사 조절에 중요한 역할을 한다. 인슐린이 부족하면 많은 조직에서 포도당 섭취를 덜하게 되고 간에서 포도당을 많이 방출하게 된다. 이러한 고혈당 상태를 당뇨병이라고 한다. 그 결과 세포 안은 포도당 결핍상태가 되어 에너지 공급원으로서 단백질과 지방에 의존하게 되므로 고지혈증을 일으켜 혈관계 이상으로 합병증이 생길 수 있다.

#공학 · 인슐린 대량생산 기술

인슐린을 대량생산하는 기술은 무엇인가?

유전자를 재조합한 대장균을 이용하여 인슐린을 생산할 수 있다. 또 돼지에서 인슐린을 추출한 다음 화학 반응시켜 인간의 인슐린 구조를 갖게 한다. 최근에는 담배와 같은 식물에 유전자를 넣어 발현시켜 담배 잎에서 인슐린을 생산하거나 소에 유전자를 넣어 우유에서 인슐린을 생산하려는 시도를 하고 있다. 이 중에서 경제적이고 안전한 방법이 실용화될 수 있다.

당뇨병 환자는 매일 혈당량을 확인하고, 당뇨가 심하면 매일 인슐린 주사를 맞아야 한다. 그러나 현재 사용하는 혈당량 확인방법이나 인슐린 주사를 맞는 방식은 개선할 필

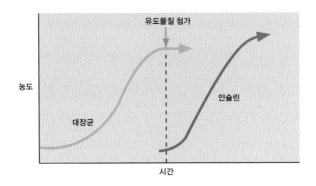

그림 5.7 인슐린의 경제적인 생산 개념. 인슐린을 생산하는 유전자를 대장균에 넣어주고 그 대장균을 배양하다가 적절한 시점에 인슐린 생합성을 유도한다. 이때 적절한 유도제를 넣어 주든가 온도를 변화시키는 방법 등으로 유도한다.

요가 있다. 이에 필요한 기술은 무엇인가? 이를 대신하여 사용할 수 있는 치료 방법으로 무엇이 있는가?

인슐린 주사를 일주일 또는 한 달에 한 번 맞으면 약효가 오래 가는 주사 방법이나 패치형태로 인슐린을 몸속으로 주입하는 방법, 인공 췌장을 이용하는 방법 등을 생각할 수 있다.

재조합 단백질 의약품

유전자 재조합 기술을 이용하여, 생체에서 충분히 얻기 힘든 치료용 단백질 성분을 대량생산한 의약품이다. 소와 돼지의 인슐린은 사람의 인슐린과 아미노산 배열이 일부 달라 주사 부위가 붉어지거나 항체가 생성되는 등의 부작용이 발생하곤 했다.

열린 질문

단백질치료제는 새로운 산업과 시장을 개척하는 데도 기여하고 있다. 특히 인슐린의 연구개발, 임상시험, 생산, 검사, 판매 등 여러 전공분야에서 많은 인력이 참여하고 있다. 치료제를 개발하는 데는 10년 이상의 기간과 1000억 원 이상의 비용이 든다. 현재 치료제 후보 물질 1,000개 중에서 치료제로 허가 받은 것은 매우 적다. 그것은 치료효과, 부작용, 비용 등에서 제약을 받기 때문이다. 기간을 단축하거나 비용을 줄여서 치료제의 가격을 낮추고 환자에게 치료제를 신속히 공급하는 것이 가능한가?

8

유전자 치료

얼마 전 미국 영화배우 안젤리나 졸리(Angelina Jolie, 1975~)가 유방 절제술을 받았다. 유방암(breast cancer)은 주원인이 어머니 쪽에서 유전되는 것으로 알려져 있다. 유방암의 위험인자로는 여성 호르몬(에스트로겐), 연령 및 출산 경험, 수유 요인, 음주, 방사선 노출, 유방암의 가족력 등이 중요하다. 면역력 감소나 몸의 피로도, 그 밖에 다른 요인에 의해서도 암에 걸릴 수 있다. 가족력을 무시할 수 없으므로 어머니나 외할머니가 유방암에 걸렸다면 딸은 성인이 된 후 자주 유방암 검사를 받는 게 좋다. 조기에 발견하는 것이 매우 중요하기 때문이다. 그래도 30, 40대에 유전자를 검사하면 더 확실하게 발병 가능성을 예측할 수 있다. 이로 인해 예방 차원에서 유방 절제를 하는 경우가 늘어나고 있다. 안젤리나 졸리도 그런 경우이다.

오래전 영국 왕실에서는 혈우병을 앓

핑크 리본. 유방암 인식 제고를 위한 지원 상징

는 왕족이 많자 근친결혼을 금지하기도 했다. 또 유목민이
거나 고립된 곳에서 사는 사람들은 외부에서 손님이 오면
그 손님의 정자를 받는 특이한 풍습이 있었다. 이것은 좋은
유전자를 받아서 후세에게 전하기 위한 것으로 이해할 수
있다.

#과학 · 유전병 치료

유전병(hereditary disease)은 유전자에 이상이 있을 때 생기는
병이다. 부모에게 물려받아 생기는 것으로 알려져 있다. 그
러나 잘못된 습관이나 여러 가지 화학 물질과 환경적 요인
에 의해 유전자에 이상이 생길 수도 있다.

그렇다면 유전자 어느 부분에 이상이 생겼는지 알아낼
수 있을까?

원인 유전자가 무엇인지 밝혀진 유전병들도 있지만, 유
전 형태만 알려진 채 원인유전자는 밝혀내지 못한 유전병
들도 있다.

낫모양적혈구빈혈증(sickle-cell anemia)은 헤모글로빈을 구성
하는 아미노산 중 하나가 바뀌면 헤모글로빈 구조가 낫모
양으로 바뀌면서 기능에 이상이 생기는 유전병이다. 페닐

케톤뇨증^(phenylketonuria)은 효소 이상으로 페닐알라닌을 타이로신으로 바꾸지 못해 체내에 페닐알라닌이 축적되는데 이것이 페닐케톤으로 바뀌어 중추신경계를 손상시킨 채 오줌 속에 포함되어 배출되는 유전병이다.

유전병은 어떻게 치료할 수 있을까?

유전병을 가지고 태어난 경우 이를 원천적으로 교정하기는 쉽지 않다. 그래도 체내에 부족하거나 결핍된 부분을 찾아 계속 보충해 주거나 잘못된 형태로 생성된 단백질이나 효소 같은 물질을 제거하는 방식으로 증상에 맞게 대응할 수는 있다. 최근에는 근본적으로 문제가 되는 유전자를 제거하거나 치료하는 '유전자 치료^(gene therapy)' 연구가 활발히 진행되고 있다.

낫모양적혈구빈혈증

사람의 11번 염색체 상에 존재하는 헤모글로빈 베타 유전자의 염기서열 하나가 바뀌어 있다(GAG → GTG). 이 유전적 이상은 말라리아 원충에 대해 강한 저항력을 보이게 되는데, 낫 모양 적혈구의 막은 물질의 투과성이 비정상적이어서 적혈구 내에 농축된 칼륨 이온(K+)이 세포 밖으로 빠져 나가므로 병원충이 대사 장애를 받기 때문이다. 따라서 말라리아가 유행하는 아프리카 등의 지역에서는 이 유전질환을 이형접합으로 가지고 있는 경우 생존에 유리하게 된다.

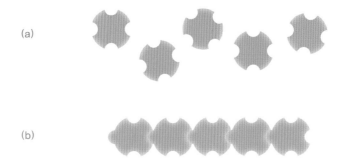

그림 5.8 헤모글로빈. (a) 정상 헤모글로빈, 서로 뭉치지 않는다. (b) 낫적혈구헤모글로빈, 6번째 아미노산인 글루탐산이 발린으로 바뀌면 낫모양으로 헤모글로빈 돌연변이가 생긴다. 그러면 응집력을 잃기 때문에 낫적혈구헤모글로빈 분자는 메리-꼬리가 연결되는 형태를 갖게 되면서 원래의 기능을 잃는다.

#공학 · 유전자 가위

우리 몸은 유전자가 전해준 정보를 받아 생산된 단백질이 정상기능을 할 때 균형을 유지할 수 있다. 따라서 유전자에 이상이 생기면 정상 단백질이 줄어들기 때문에 쉽게 몸의 균형 상태가 깨져서 질병에 걸리게 된다. 유전자 치료는 비정상적인 유전자를 교정하기 위해 첨단 기술을 사용하는 것이다.

유전자 치료 기술에는 어떤 것들이 있을까? 이 기술을 사용할 때 무엇이 중요한가?

유전자 치료 기술로 대표적인 것이 유전자 가위다. 유전자가위는 유전체(게놈)에서 특정 염기 서열을 인식한 후 해당 부위의 DNA를 정교하게 잘라내는 유전자 교정 기술이다. '유전자 짜깁기'라고 할 수 있다.

그 1세대 기술이 징크핑거 뉴클레아제(ZFN ; Zinc Finger Nucleases)이고, 2세대 기술이 탈렌(Talen ; Transcription Activator-Like Effector Nucleases)이며, 3세대 기술이 크리스퍼(CRISPR ; Clustered regularly interspaced short palindromic repeats)로 발전하였다. 목적 유전자에 도달하여 이를 잘라내고 원하는 새로운 염기 서열로 교정하는 방법이다. 이때 특정유전자만을 교정해야 하는데, 다른 유전자를 건드리면 심각한 문제가 발생할 수 있으므로 이 문제를 해결해야 한다. 따라서 유전자 치료의 안정성 확보가 무엇보다 중요하다.

크리스퍼는 일부 세균들이 외부에서 들어온 유전물질을 선택적으로 파괴하는 방어 시스템을 연구하다가 발견한 유전자 가위 기술이다.

유전자 가위 크리스퍼(CRISPR-Cas9) 방법은 무엇일까?

최근 기술인 크리스퍼는 일부 세균들이 외부에서 들어온 유전물질을 선택적으로 파괴하는 방어 시스템을 연구하다가 발견한 유전자 가위 기술이다. 목표 유전자 DNA 서열을 선택적으로 인식하는 RNA부분과 DNA를 잘라내는 Cas9 단백질로 구성되어 있다. RNA 서열이 목표 서열을 알아내면 Cas9 단백질이 그 부분을 잘라낸다. 종전의 방법에 비해 안전한 것으로 에이즈, 혈우병 등 유전 질환을 치료하고, 농작물 품질 개량이 용이해 유전자 변형 식물(GMO)의 대안으로 주목받고 있다.

 열린 질문

지능, 외모, 운동능력 등 우리 삶과 연결된 많은 부분이 유전자의 영향을 받는다. 유전자에 이상이 생겨 문제가 생긴 어린이나 가족력에 의해 질병이 예상되는 사람은 이를 교정하거나 고쳐주는 치료를 받아야 한다. 또한 유전적 요인에 의한 외모나 지적 능력의 문제를 개선하고 싶을 수도 있다. 영국의 유명한 물리학자 스티븐 호킹(Stephen William Hawking, 1942~2018) 박사는 저서에서 유전자 조작으로 태어난 아이들이 현존하는 인간에게 큰 위협이 될 거라고 경고하기도 했다. 그렇다면 유전자 치료는 어디까지 허용되어야 할까?

9

유전자변형 식물 (GMO)

우리는 오래전부터 다양한 방법으로 가축을 키우고, 씨를 뿌려 곡식, 과일 등을 가꾸어 먹어왔다. 우리는 더 빨리 잘 자라는 가축, 어려운 환경에서도 열매를 잘 맺는 식물을 만들려고 여러 가지 방법으로 종자를 개량해왔다. 최근에는 유전공학의 발달로 쉽게 무르지 않는 토마토, 열악한 환경에도 견디는 식물 등을 생산하는 기술이 다양하게 도입되었다. 예를 들면, 미국의 한 회사는 특정 농약에 견디는 품종을 만들어서 농산물을 재배할 때 특정 농약을 살포한다. 그러면 농약 내성이 있는

우리는 더 빨리 잘 자라는 가축, 어려운 환경에서도 열매를 잘 맺는 식물을 만들려고 여러 방법으로 종자를 개량해왔다.

식물만 살아남고 잡초는 다 죽는다. 이 회사는 종자도 팔고 농약도 팔고 있다.

최근에는 유전자를 조작하거나 재조합하여 종자를 개량한다. 이것을 GMO(genetically modified organism)라고 하는데, 좁은 의미로는 유전자 변형 식물을 가리킨다. 우리는 산업용

옥수수 밭

으로 사용되는 유전자변형 미생물, 동물세포는 제한된 공간에서 관리하기에 안전하다고 생각한다. 그러나 유전자 재조합으로 재배된 식물, 예를 들어 옥수수나 콩은 열린 공간에서 재배되고 우리가 직접 섭취하기 때문에 그 안전성이 문제가 될 수 있다고 생각한다.

#과학 · 유전자 조작의 위험성

미생물이나 동물세포는 왜 안전하다고 생각할까? 유전자 재조합 미생물이나 동물세포 배양은 안전하다고 여기는 이유는 무엇인가?

미생물이나 동물세포를 배양하여 제품을 얻을 때는 여러 가지 방법으로 주의한다. 예를 들면 규정에 따라 미생물 배양장치에서 밖으로 나가는 배기가스는 소각시켜 유해물질을 제거한다. 또 미생물 배양에 사용한 배지는 반드시 밀봉하여 멸균 후 전문적인 폐기업체에 위탁하여 처리하거나 소각한다.

GMO 식물에서 논란이 제기되는 것은 무엇인가?

유전자 조작으로 재배된 식물이 생태계에 장기적으로 미칠 영향에 관한 연구결과가 아직 미미하기 때문에 생태계 교란을 우려하게 된다. 또한 GMO를 이용한 식품을 장기적으로 섭취할 때 인체에 미칠 영향에 관한 연구결과도 오랜 기간 연구된 것이 적으므로 GMO 위험성을 배제할 수가 없다.

그러나 오랫동안 자연계에서 일어난 품종 개량을 두고 우리는 이것이 지닌 위험성을 큰 문제로 삼지 않았다. 오히려 진화라고 받아들이지 않았는가.

#공학 · GMO기술의 필요성

최근 유전자 가위 기술을 이용하여 재배한 식물이 GMO 식물보다 상대적으로 안전할 것이라고 생각한다. 과연 그러할까?

종전의 GMO 기술은 어떤 식물의 유전자 중 유용한 유전자[예: 추위, 병충해, 살충제, 제초제 등에 강한 성질]만을 취하여 다른 식물에 넣어서 새로운 품종을 만드는 것이다. 아무리 유용한 유전자일지라도 다른 식물에 넣기 때문에 어떤 영향을 미칠지 알 수 없다. 아직까지 GMO기술은 안전성에 의문이 제기되고 있다.

그런데 최근 유전자를 편집하는 유전자 가위 Crispr-

야생파리에 노출된 야생땅콩(왼쪽)과 유전자변형땅콩(오른쪽)

Cas9 기술이 개발되었다. 외부에서 유용한 유전자를 넣는 대신 원래의 유전자를 고치는 것이다. 유럽에서는 이 방법도 안전성을 보장할 수 없다고 하지만, 미국에서는 GMO에 대한 우려를 줄이는 대안으로 유전자 가위에 주목하고 있다.

어떤 GMO 작물이 필요한가?

유전자 조작으로 병충해에 강한 식물을 만들면 해충에 의한 생산량 저하를 방지할 수 있다. 속성 재배가 가능한 농작물을 만들어 내면 수확량을 늘릴 수 있다. 토마토의 경우 건강에는 좋지만 쉽게 무르는 것이 단점이었다. 미국의 연구진이 토마토에서 그 원인 유전자를 찾아내어 이를 억제하도록 교정하여 잘 무르지 않는 토마토를 생산하기도 했다.

미국에서는 GMO에 대한 우려를 줄이는 대안으로 유전자 가위에 주목하고 있다.

 열린 질문

오래전 어떤 약을 복용한 임산부 다수가 기형아를 출산한 적이 있다. 안전성과 독성 시험을 통과하여 복용이 허가된 약이었지만 이런 일이 일어난 것이다. 놀란 정부는 이와 관련하여 정밀역학조사를 실시하였다. 그 결과 화학적으로 합성한 약에 존재하는 두 가지 이성체(isomer) 중에서 한 가지 이성체가 문제를 일으켰다는 사실을 알아냈다. 그 이후 문제가 되지 않는 이성체만을 복용하도록 지침을 바꾸었지만, 이미 기형아는 태어난 다음이었다. 이와 같은 사례를 볼 때 안전하다고 공인된 경우라 할지도 예상밖의 결과가 나타날 수 있다.

GMO 식물[예: 콩]의 안전성을 우려하는 단체들이 있다. 그래서 GMO콩은 주로 공업용[예: 식용유]으로만 사용하고, 직접 사람이 섭취하지 않도록 했다. 특히 2002년부터 GMO표시제를 실시하여 GMO콩으로 만든 음식[예: 두부]이나 GMO콩을 판매하는 경우 이를 사용한다는 표시를 하도록 하여 소비자가 선택하도록 했다. 그리고 안전성에 대하여 장기적으로 시험을 하도록 했다. 이러한 대책이 올바른 것인가?

GMO기술을 이용하면 인류가 식량 걱정에서 벗어날 수 있을까? 그 한계는 무엇인가? 그러한 한계를 벗어날 수 있는 방법이 무엇인가?

6

환경 그리고 생태계

1

썩는 플라스틱

바닷가에서 발견된 거북이의 식도에서 다량의 비닐을 제거하고 생명을 살려냈다는 뉴스를 본 적이 있다. 최근에는 비닐 조각, 플라스틱 조각들이 물고기에 피해를 입히는 사례가 많이 보도되고 있다. 시골에 가면 밭에서 사용하고 버린 비닐 조각들이 여기저기 눈에 띄고, 놀이공원에 가면 먹고 버린 캔, 병 등이 나뒹굴고 있어 불쾌감을 준다. 플라스틱과 1회용품의 사용을 줄이자는 캠페인이 시작되었다. 이러한 노력은 어제 오늘의 일이 아니다. 우

바다 거북이

리나라도 1980년대부터 환경보전이 중요한 쟁점 (issue)으로 떠오르면서 썩는 플라스틱을 상용화해야 한다는 목소리가 높아졌다. 그러나 자연친화나 환경친화적인 제품은 비싼 데다 이를 부담하려는 소비자 의지도 약한 탓에 크게 실용화되지 못하였다.

미국의 듀폰은 나일론을 발명하여 유명해진 회사

**생분해성 플라스틱을 이용
하여 만든 식기구**

다. 20세기에는 고분자화합물, 플라스틱을 합성하는 것
이 그 시대의 주요 연구 과제였다. 그러던 중 미생물이
PHB(polyhydroxybutyrate)라는 고분자 물질을 만들어낸다는 사실
과 그 성분이 폴리프로필렌(PP)과 유사하여 그 활용에 대한
기대가 커지면서 연구가 활발히 이루어졌다. 그러나 PHB
가 생분해되기 때문에 장기적인 사용이 어렵다는 사실이
알려지면서 관심에서 멀어졌다.

　1980년대 환경오염이 심각해지면서 다시 관심의 대상
이 되어 영국의 한 회사가 시험공장을 건설하여 시제품을
생산하였다. 그러나 가격이 비싸 실용화되지 못했다. 그러
나 가격을 낮추려는 연구 노력 끝에 이제는 실용화 단계에
이르렀다.

　플라스틱은 일반적으로 자연에서 분해가 되지 않아 많

은 환경문제를 유발한다. 플라스틱 특히 1회용 플라스틱의 사용을 줄여야 한다, 그리고 꼭 필요하면 자연에서 분해되는 생분해성 플라스틱을 사용해야 한다. 그리고 수술용 봉합사처럼 인체 내에서 분해되는 플라스틱에 대한 수요도 있다.

#과학 · 플라스틱 사용

우리는 왜 플라스틱을 많이 사용하는가? 플라스틱 사용의 장점과 단점은 무엇인가? 또 플라스틱이 생분해 (biodegradation)된다는 것은 무엇을 의미하는가?

플라스틱은 금속소재, 목재소재 등과 더불어 우리 일상 생활에서 없어서는 안 되는 소재이다. 다양한 물성을 가졌기 때문에 각종 산업용과 생활용 제품을 만드는 데 두루 쓰인다. 그러나 일반적인 플라스틱 제품은 자연분해가 되지 않기 때문에 사용한 후 그냥 버리면 썩지 않아 쓰레기로 남는다. 더욱이 소각할 때 다량의 이산화탄소와 환경호르몬 같은 유해물질을 배출한다. 특히 해양에 버려져 방치된 비닐이나 플라스틱 조각은 바다거북이와 물고기는 물론 해양식물에게도 해를 끼쳐 생태계를 파괴한다.

따라서 플라스틱 사용을 줄이
는 것부터 실천해야 한다. 꼭
필요하다면 생분해성 플라스
틱(biodegradable plastic)을 사용하도
록 한다. 생분해성 플라스틱
은 자연에서 분해되므로 이런
플라스틱 제품을 사용하는 것은 2
차적인 환경 피해를 줄이는 데 도
움이 된다.

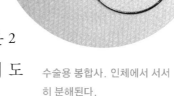

수술용 봉합사. 인체에서 서서
히 분해된다.

자연계에 존재하는 생분해성 고분자와 생분해성 플라
스틱은 무엇인가?

자연계에서 만들어지는 다당류인 녹말과 아가로스
(agarose), 셀룰로오스(섬유소) 등의 고분자 물질은 자연에서 분
해된다. 고분자 물질 중 미생물이 만들어내는 PHB는 생분
해성 고분자(biodegradable polymer)이다.

이와 달리 인간이 합성수지를 원료로 사용하여 만든
고분자 물질인 플라스틱은 왜 생분해가 되지 않는 것일
까? 인간이 만든 물질 중에서 생분해가 잘 안 되는 것으로
무엇이 있는가? 플라스틱, 세제의 경우를 예로 들어 설명

하면?

자연계에서는 기본적으로 미생물이 유기물질을 영양분으로 사용하고자 분해를 한다. 자연계에 존재하는 고분자는 쉽게 분해되지만, 인간이 만든 고분자는 자연에서 잘 분해되지 않는다. 또

폴리락타이드로 만든 쓰레기 봉투

분자구조가 다르면 분해 정도에 차이가 나는데, 예를 들어 합성세제로 사용되는 ABS(Alkylbenzene sulfonate)는 수계에서 분해가 잘 안 되고 LAB(Linear alkylbenzene)는 상대적으로 분해가 잘 된다.

#공학 · 생분해성 고분자의 필요성

생분해성 고분자가 필요한 경우는 언제인가?

수술 후에 인체 내의 장기를 봉합하는 실[봉합사], 인체 내에서 약물을 서서히 전달하기 위한 고분자 물질 등은 생분해성 고분자로 만드는 것이 바람직하다. 가정이나 산업용으로 사용된 후 회수가 어려운 제품[예: 일회용품]은 생

분해성 고분자로 만드는 것이 좋다.

생분해성 고분자 PHB, 폴리락타이드 등을 대량생산하는 방법으로 무엇이 있는가?

미생물을 이용하여 PHB를 생산하는 기술이 개발되어 실용화를 앞두고 있다. 폴리락타이드(Polylactide)는 미생물을 이용하여 젖산(lactic acid)을 만들고 여기서 화학적으로 폴리락타이드를 만드는 기술을 개발하여 대량 생산하고 있다.

열린 질문

우리가 환경문제 해결을 위해 생분해성 플라스틱의 중요성을 아무리 강조해도 현실적으로 사용하는 데는 한계가 있다. 생분해가 안 되는 고분자를 사용할 수밖에 없는 경우도 많이 있기 때문이다. 플라스틱 사용을 줄이는 노력과 함께 재활용과 재순환(recycle) 등으로 자원을 절약하는 분위기를 만들어 나가야 한다. 이런 노력이 계속된다면 플라스틱으로 인한 환경문제를 해결할 수 있을까?

2

환경과 생태계

    1970년대 세계 환경과 에너지 문제의 심각성을 경고한 보고서가 출간되었다. 그것은 '로마클럽 보고서'라고 알려져 있다. 그때만 해도 환경문제는 몇몇 지식인과 환경 관련 학자들만의 관심 대상이었다. 이럴 때 미래 지구 문제에 관한 보고서는 신선한 충격을 주었다. 그로부터 50년이 지난 오늘날, 이 문제의 심각성을 우리는 온몸으로 느끼고 있다. 지구의 기후 변화가 과거보다 훨씬 더 심각하다. 겨울에는 더 춥고, 여름에는 더 더우며, 태풍의 위력도 더 강해졌다. 국제적인 기후변화협약(framework convention of climate change)이 있기는 하나, 관련 국가들의 이해관계로 실천은 잘 안 되고, 지구 환경은 돌이킬 수 없을 정도로 악화되고 있다.

    우리나라 경북지역과 대구에서 생산되던 사과가 이제는 포천, 춘천, 고성 등 경기북부와 강원지역에서 생

로마클럽. 1968년에 창립되었으며 세계적인 지도자, 외교관, 과학자, 학자 등이 회원이다.

산되고 제주도와 남해안에서는 파파야, 망고 같은 아열대 과일이 생산되고 있다. 이런 현상은 지구온난화에 의한 것으로 설명할 수 있다.

지구 환경이 중요해지면서 우리는 환경보전과 관련하여 생태계라는 용어를 많이 사용한다. 그것은 단순한 기후, 오염 정도 등의 물리적인 환경보다 다양한 생명체가 같이 공존하는 환경이 중요하다는 사실을 강조하기 위한 것이다.

#과학·환경문제의 심각성

우리 주위 환경에 어떤 문제가 일어나고 있는가?

이에 대해서는 대기오염, 수질오염, 토양오염, 폐기물오염, 해양오염, 지구환경 쟁점 등으로 나누어 생각할 수 있다. 환경이 오염되어 우리 인간의 삶에 해를 주고 생태계를 파괴하고 있다. 지구환경의 대표적인 문제는 지구 온난화로, 인류의 문명까지 위협하고 있다.

생태계가 안정되어 있어야 한다. 이에 관하여 토끼와 여우가 살아가는 시스템을 예로 들어 생태계의 안정에 대하여 어떻게 설명할 수 있을까? 이러한 생태계 안정을 수학적으로는 어떻게 표현할 수 있을까?

생태계에서 토끼의 수가 증가하면 이를 먹이로 하는 여우의 수도 늘어난다. 그러면 토끼 개체수가 감소하고 이에 따라 여우 개체수도 감소한다. 이러한 상황이 반복적으로 일어나다 보면, 토끼와 여우의 개체수가 급격히 변하지 않고 안정된 상태를 유지하게 되는데, 이것을 '생태계 평형'이라고 한다. 어떤 요인에 의해 토끼나 여우의 개체수에 급격한 변화가 일어나면 생태계의 균형이 깨져 새로운

스라소니

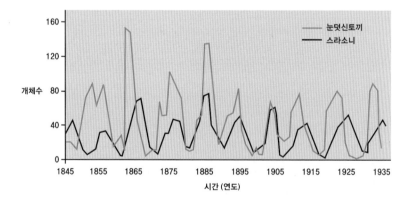

그림 6.2 단순화된 생태계 안정 모델

토끼의 수가 꾸준히 증가하면 스라소니 수도 증가한다. 그러면 토끼 개체수가 줄어들고 이에 따라 스라소니 개체수도 줄어든다. 이러한 과정이 반복된다.

상황이 벌어질 수 있다. 그러나 약간의 변화가 일어난다 하더라도 생태계에 근본적인 변화가 없다면 이것을 수학적으로 안정화되어 있다고 말한다.

#공학 · 지구 온난화가 생태계에 미치는 영향

지구 온난화(global warming)가 생태계에 미치는 영향은 무엇인가? 생태계 평형을 위해 우리가 할 수 있는 일은 무엇인가? 예를 들어 북극곰을 보호하려면 어떻게 해야 하는가?

지구 온난화로 북극의 빙하가 녹으면 북극에서 살아가는 북극곰의 활동 반경이 좁아진다. 이로 인해 먹이를 얻을 수 있는 기회가 줄어들게 되고, 최종적으로 북극곰 개체수가 감소하게 된다. 이 문제를 해결하는 방법이 바로 지구 온난화를 막는 방법이 될 것

이다. 북극곰이 살아갈 수 있는 인공 빙하를 만들고 주위

에 먹이를 방사하여 주는 방법도 생각해 볼 수 있다. 그러나 대자연의 규모를 생각할 때 그 효과는 제한적일 수밖에 없다.

 열린 질문

생태계는 안정되어야 하는가? 생태계가 변화하면 무슨 문제가 생기는가? 오래전에 지구에서 살던 공룡이 사라진 것에 관해 생태계 평형을 논하는 경우는 별로 없지 않은가? 이에 관해 어떻게 생각하는가?

3

깨끗한 물

아프리카 어느 지역에 사는 아이들은 멀리 떨어진 곳까지 가서 먹을 물을 길어와야 하기 때문에 학교에 갈 시간이 없다고 한다. 그나마 마실 수 있는 물이 흙탕물뿐이거나, 지하수가 유해물질에 오염되어 있어 마실 수 없는 경우가 많다고 한다. 이러한 상황은 세계 곳곳에서 발견할 수 있다. 이러한 지역에 관심을 갖고 깨끗한 물을 제공하기 위하여 노력하는 사람들이 많다. 대표적으로 '(사단법인)국경없는과학기술자회(Scientists and Engineers Without Borders, SEWB)'를 들 수 있다. 깨끗한 물을 제공하는 데는 오래전부터 사용해 오던 기술과 최근에 개발된 첨단기술이 쓰인다. 오래된 기술로 충분

우리는 매일 일정량의 물을 마셔야 생존할 수 있다. 생태계 유지와 인간의 기본생활은 물론 산업 활동에도 물은 매우 중요하다.

할 수도 있겠지만, 경우에 따라서는 첨단 기술을 접목해야 할 때가 있다. 이와 같이 지역 여건에 맞는 기술을 개발하고 사용하는 것을 적정기술(appropriate technology)이라고 한다.

물은 생명의 원천이다. 우리는 매일 일정량의 물을 마셔야 생존할 수 있다. 생태계 유지와 인간의 기본생활은 물론 산업 활동에도 물은 매우 중요하다. 이러한 물은 빗물이나 강과 바다 등에서 얻을 수 있다. 물이 더러워지면 그것을 마셔서는 안 된다. 더러운 물을 정화하지 않고 그대로 마실 경우 우리 몸에 이상

아프리카 지역의 어린이가 물을 긷는 모습

이 생긴다. 더러운 물은 강과 바다는 물론 자연을 오염시켜 또 다른 문제를 일으킨다.

#과학 · 수질 문제

물이 깨끗하다는 것은 무엇을 의미하는가? 수질을 파악할 때 사용하는 생물학적 산소요구량(BOD)이란 무엇인가? 물에 유기물이 많으면 미생물의 먹이가 되므로 좋을

것 같은데 왜 문제가 되는가?

물이 깨끗하다는 말은 물속에 유기물이 적고, 세균을 포함하는 유해한 물질이 없거나 적어서 우리가 마시거나 사용하는 데 큰 문제가 없는 것을 뜻한다. 이와 관련하여 생물학적 산소요구량(BOD, Biochemical Oxygen Demand)

생물학적 산소요구량, BOD 측정 장치

이란 지표를 사용한다. 생물학적 산소요구량은 물속에 있는 유기물의 양을 나타낸다. 유기물이 많으면 미생물이 유기물을 분해하는 데 산소가 많이 필요하기 때문에 생물학적 산소요구량이 높을 수밖에 없다. 생물학적 산소요구량이 높으면 물속에서 유기물을 분해하기 위해 산소를 많이 소모하게 된다. 그 결과 수중생태계에 산소가 부족해지므로 수중 생물체가 죽게 되면서 생태계가 파괴된다. 산소가 부족하면 유기물이 분해되지도 않고 썩는 현상이 발생한다. 이렇게 되면 악취가 발생하고 혐기성 상태의 세균에 의하여 독성물질이 생성될 수 있다.

#공학 · 물을 깨끗하게 하는 방법

물을 깨끗하게 하려면 어떻게 해야 하는가?

물을 깨끗하게 한다는 것을 물의 정화(water purification) 또는 정수(淨水)라고 말한다. 일반적으로 물을 깨끗하게 하려면 물속에 포함된 부유물질은 물론 유기물을 제거하면 된다. 예를 들어 수돗물은 먼저 강이나 호수에서 물을 가져와 부유물을 침전케 한 다음에 유기물을 제거한다. 미생물로 유기물을 분해하게 되고, 그 이후에 미생물을 분리하여 물을 깨끗하게 만든다. 그리고 세균이 있을 수 있으므로 오존(Ozone)이나 염소(Chlorine, Cl)로 소독한다. 질소(Nitrogen, N), 인(Phosphorus, P) 화합물이나 비소(Arsenic, As) 같은 중금속이 있으면 별도로 처리해야 한다. 생활하수와 공장폐수도 유사한 방법으로 처리하여 방류한다.

물을 깨끗하게 하는 데 필요한 적정기술은 무엇인가? 마실 물이 깨끗하지 않은지역에서는 어떻게 깨끗한 물을 마시거나 쓸 수 있게 해야 하는가?

물이 외관상 더러우면 그 물을 끓이거나 정수기를 이용하여 정화한 후에 마시면 된다. 비가 많이 오면 빗물을 받아 식수로 사용할 수도 있다. 물속에 수인성 질병을 일으키

는 세균이 있을 수 있으므
로 자외선이나 염소를 이용
하여 물을 살균한 후 이용해야
한다. 그리고 개인 휴대용 제품
으로 생명 빨대(life straw)를 사용할
수도 있다. 실제 여러 가지 상황이 있
을 수 있으므로 그 상황에 맞는 방법을
사용해야 한다.

생명 빨대(라이프 스트로)

열린 질문

사막에서 물을 얻는 것은 불가능하다. 단, 오아시스를 만나
는 것을 제외하고. 그러나 최근 보도된 기술로 거미줄에 이슬
이 맺히는 방식을 모방하여 물을 얻는 방법이 있다. 사막에서
마실 물을 얻는 방법으로 무엇이 제안되어 있는가? 또 깨끗
한 물을 얻기 위한 새로운 기술로 어떤 연구가 진행되고 있을
까?

4

적조와 부영양화

남해안 양식장에서 적조가 발생하여 어민들의 피해가 크다는 보도를 접할 때가 많다. 바다에서 적조가 발생하면 배로 황토를 싣고 가서 황토를 뿌린다. 과연 효과가 얼마나 있을까? 이럴 경우 어민들에게 국가가 금전적 보상을 한다. 최근에는 상수도 취수원으로 사용되는 강에도 녹조가 생겼다고 하니 먹을 물도 걱정이 된다.

적조(red tide)란 바다에 특정한 조류(algae)가 폭발적으로 증식하여 바닷물이 붉은 빛을 띠는 현상을 말한다. 적조가 생기면 물속의 용존산소(dissolved oxygen)가 부족하거나 조류가 독성물질을 분비하여 어패류를 죽게 한다. 녹조(algal bloom)는 보기에도 나쁘지만, 녹조가 만들어 내는 독성

적조

물질이 식수로 사용할 강이나 호수물에 들어가면 이를 처리하기가 어렵다. 적조와 녹조의 원인이 한두 가지는 아니겠지만, 부영양화가 주된 이유이므로 이에 관하여 살펴보자.

#과학·부영양화의 문제

부영양화(eutrophication)란 무엇인가?

호수, 연못 등에 질소, 인 화합 등의 영양분이 지나치게 많으면 물에서 식물과 조류가 왕성하게 자란다. 이에 따라 물속의 산소 소모량이 늘어나다가 산소가 고갈되면 물속의 생태계가 파괴될 수밖에 없다. 특히 심한 경우 물이 썩게 된다. 이러한 물속의 질소(N)와 인(P)은 주로 우리가 사용하고 버린 생활하수, 분뇨, 비료 등에서 나온 것이다.

부영양화로 인한 강의 녹조 현상

질소와 인이 생기지 않게 하려면 어떻게 해야 할까?

첫째로 생활하수와 분뇨를 잘 처리하여 강이나 호수 등에 질소와 인 같은 영양분이 들어가지 못하도록 해야 한다. 두 번째로는 질소와 인 성분의 비료 사용을 줄여야 한다. 적조의 경우에는 바다에 설치한 가두리 양식장에 물고기를 키울 때 공급하는 사료양을 줄이도록 한다. 물고기가 먹고 남긴 사료가 적조의 원인이 되기 때문이다.

바다에 설치한 물고기 양식장

#공학 · 수질환경 보호방법

질소와 인을 함유한 하수나 물을 어떻게 처리할 수 있는가?

질소 성분이 물속에 있으면 미생물을 이용하여 처리한다. 암모니아성 질소는 호기적 조건에서 미생물에 의하여 질산성 질소로 변하고 이것은 혐기적 조건에서 미생물에 의하여 질소로 변한다. 물속에 있는 인 성분도 미생물에 의하여 처리할 수 있으나 최근 적절한 담체에 인화합물을 흡착시켜 제거하는 기술도 개발되었다.

적조나 녹조를 예방하고 해결하는 방법은 무엇인가?

적조나 녹조가 발생하지 않도록 물속 환경을 깨끗하게 해야 한다. 그래도 기온이 올라가거나 여러 가지 이유로 녹조나 적조가 발생할 수 있으므로 이를 예측하여 적절하게 대처한다면 피해를 줄일 수 있다.

열린 질문

질소와 인 성분 중 하나만 처리하면 어떻게 될까? 하나만 처리해야 한다면 어떤 것을 처리해야 할까? 한 가지 성분만 처리하는 것이 현실적인 방법일까? 1년 내내 처리해야 하는가?

5

먹이 사슬과 중금속 제거

1910년경 일본 도야마현 신쓰가와 유역에서 사는 주민들이 이상한 증상을 보이기 시작했다. 처음에는 몸이 조금씩 아픈데 시간이 지나면서 뼈가 물러지고 심한 통증에 시달리다가 목숨을 잃었다. 환자가 아픔을 호소할 때 '이타이 이타이(いたいいたい, 아프다 아프다)'라고 해서 '이타이이타이병'이라고 불렀다. 이런 환자들이 계속 생기자 일본 정부가 원인 규명에 나섰고, 1961년 그 원인이 카드뮴(Cd)에 있다는 사실이 밝혀졌다. 가미오카 광산에서 아연을 제련할 때 광석에 극소량 포함된 카드뮴을 제거하지 않고 방류한 것이 원인이었다.

이와 유사한 사례가 1956년 일본 구마모토현 미나마타시에서 보고되었다. 주민들이 조개와 물고기를 먹고 집단적으로 중추신경에 문제를 일으켜 손발이 저려 걷기조차 힘들어했다. 심각한 경우 경련이나 정신착란을 일으켰는데 이런 중증환자 중 절반이 사망에 이르렀다. 이를 미나마타병(Minamata disease)이라고 불렀다. 이 병의 원인은 화학공장에서 배출한 폐수 속의 수은 (mercury, Hg)이었다. 이 두 사례는 중금속에 의해 발생한 대표적인 공해병으로 알려져 있다.

미나마타병 환자

중금속은 여러 가지 용도로 사용된다. 수은의 경우, 우리에게 친숙한 것들로 온도계, 혈압계, 형광등 등이 있다.

노천광산에서는 산성비가 오면 광물질에 미량 포함된 중금속이 이 빗물에 함께 녹아 지하수로 흘러 들어간다. 이 지하수는 다시 강이나 호수, 그리고 댐으로 흘러가 생태계의 먹이사슬 과정에 따라 그곳에 사는 물고기에게 축적된다. 이 물고기를 먹은 사람도 피해를 입게 된다. 수은, 구리, 납, 비소, 카드뮴, 크롬 등의 중금속은 극소량이라도 인체에 매우 해로운 것으로 알려져 있다. 먹이사슬(food chain)은 생태계에서 살아있는 유기체 간의 포식과 의존 관계의 질서를 말하는데, 이 단어를 최근에는 인간사회에서도 사용한다. 우리 사회에서 먹이사슬이 주는 의미는 무엇인가? 이에 대해 생각해 보는 것도 의미가 있을 것이다.

#과학 · 중금속의 유해성

중금속(heavy metal)이란 무엇인가? 중금속이 왜 우리에게 유해한가?

비소, 안티모니, 납, 수은, 카드뮴, 크롬, 주석, 아연, 니켈 등 주기율표상의 아래쪽에 위치하고 비중 4이상의 무거운 금속원소를 말한다. 중금속이 자연환경에 배출되면 먹이사슬에 따라 사람에게 전달되어 피해를 준다. 따라서 중금속에 관심을 가져야 한다. 극미량의 중금속이 우리 인체에 들어오면 단백질과 결합하여 화합물 상태가 되어 당장은 인체에 큰

오래전(1912년)에는 납이 함유된 페인트가 신제품이었다.

영향을 미치지 않는다. 그러나 일정 농도 이상의 중금속이 들어오면 정상적인 신체의 대사 작용을 방해하여 질병을 일으키고, 심하면 생명도 앗아간다.

우리 몸에는 외부의 공격이나 유해물질을 방어하는 메커니즘이 존재한다. 인체의 중금속 제거 메커니즘은 무엇인가?

우리 몸속에는 메탈로티오네인(metalothionein)이라는 단백질이 있는데, 중금속이 들어오면 중금속과 착화합물(complex compound)을 만들어 체내에 저장시켜서 인체에 해를 끼치지 않게 한다. 그러나 중금속이 많이 들어오면 메탈로티오네인 단백질이 처리할 수 있는 중금속 양에 한계가 있어 몸속에서 중금속이 정상적인 대사작용을 방해한다.

먹이사슬이 왜 중요한가? 수은오염, DDT 피해 사례를 통하여 먹이사슬의 중요성을 알 수 있는데, 먹이사슬을 통해 환경과 인간이 피해를 입지 않도록 하려면 어떻게 해야 하는가?

중금속이 수중으로 배출되면 플랑크톤에 축적되고 다음으로 그것을 먹고사는 물고기에게 축적되고 최종적으로는 물고기를 먹은 사람에게 축적되어 문제를 일으킨다. 그러므로

1960년대 DDT가
포함된 살충제

중금속이 여러 환경에 배출되지 않도록 하는 것이 무엇보다 중요하다.

#공학 · 중금속 제거방법

형광등 속 수은과 같은 예외는 있지만, 중금속은 주로 산업체에서 많이 다루기 때문에 그만큼 그곳에서 많이 배출한다. 또 광산을 통과하는 빗물, 산성비 등이 광물 속의 중금속을 용해시키고 그 일부가 지하수로 녹아 들어간다. 인도차이나반도의 경우 지역적 특성 때문에 지하수에 비소가 포함되어 있는 경우가 많다. 중금속이 함유된 지하수나 폐수를 어떻게 처리할 수 있는가? 현재 처리 방법의 한계가 있다면 무엇인가?

중금속을 함유한 물은 알칼리(alkali) 조건에서 침전된다. 또는 중금속이 많은 경우 2가 이온이나 3가 이온의 전하를 띠고 있으므로, 이온교환수지에 흡착시켜 제거할 수 있다. 최

바다의 해조류

근에는 미역, 다시마 같은 해조류의 세포벽에 중금속이 흡착되는 것으로 알려졌다. 해조류의 세포벽 주성분은 알긴산(alginic acid) 같은 다당류이다. 이런 알긴산에 중금속이 흡착된다. 따라서 해조류를 이용하여 중금속을 흡착시켜 제거할 수 있다. 이것을 '생물학적 흡착'이라고 한다. 미역을 먹으면 몸속에 들어온 중금속을 흡착시켜 몸 밖으로 빼낼 수 있다는 것이 큰 장점이다.

열린 질문

중금속의 흡착 메커니즘을 이용하면 바닷물속의 유용한 희귀 금속을 흡착하여 이를 분리할 수 있다. 우라늄도 바닷물 속에 극미량 녹아 있는데 이것을 흡착시켜 분리하면 유용한 자원으로 이용할 수 있다. 그러기 위해 바이오매스의 중금속 흡착 메커니즘을 이해해야 하는데, 이에 대한 연구는 어디까지 진행되었을까? 앞으로 어떤 연구가 필요한가?

스마트 농업

'농업'하면 떠오르는 이미지는 논과 밭, 그리고 그곳에서 땀 흘려 일하는 농부의 모습이다. 옛날에 농사 짓던 모습과 농부의 모습이 떠오른다. 우리는 수천년 동안 유사한 방식으로 농작물을 재배하여 식량을 얻었다. 이런 것을 보고 체험하는 것이 자녀 교육에 의미가 있다고 생각하여 요즘은 자녀와 농촌체험을 한다. 농촌에서 과일, 고구마 같은 농작물을 수확하고 재미있게 지내다 온다. 농사와 관광을 연결한 관광상품도 개발되어 있다. 이제는 농사 자체를 생각할 때다. 21세기 과학기술시대에도 여전히 옛날 방식으로 농사를 지어야 하는가?

최근 유전자변형농산물(GMO), 친환경 농업, 스마트 농업 등이 관심의 대상이 되고 있다. 이러한 것들이 미래의 농업 그리고 농부의 모습에 어떠한 영향을 줄까?

#과학 · 친환경농업방식

오늘날 비료와 농약을 사용하지 않거나 옛날 방식대로 자연적인 방법에 따라 농사 짓는 친환경농업이 중요해지고 있다. 친환경적인 방법이란 무엇인가?

친환경적 방법으로 농사를 짓기 위해 화학비료 대신에 퇴비를 사용한다. 화학비료를 계속 많이 사용하면 흙(soil)이 산성화되어 토양미생물이 살기 어렵다. 또 화학농약을 사용하지 않는다. 그러면 처음에는 해충이 많이 발생하여 소출이 적다. 그 대신 퇴비를 꾸준히 사용하면 식물 스스로 면역력을 키우게 되어 소출이 줄어드는 것을 막을 수 있다. 이러한 친환경농산물은 높은 가격으로 판매할 수 있다. 하지만 전반적으로 생산량이 적다는 단점이 있다.

#공학 · 스마트 농업의 의미

논과 밭이 넓은 지역에서는 대형 트랙터로 씨를 뿌려 수확하고, 병충해 방지를 위해 비행기로 농약을 살포한다. 그렇지 않으면 소형 트랙터를 사용하는데, 최근에는 드론 (drone)으로 농약을 살포하고 컴퓨터를 이용해 농지를 관리 한다. 이러한 농업을 '스마트 농업'이라고 부르는 이유는 무엇인가?

스마트 농업이란 컴퓨터나 스마트 기기 시스템을 이용 하여 농지를 관리하고 농사 짓는 것을 말한다. 이는 첨단기 술을 융합하여 최소한의 노력으로 최대한의 수확을 얻을 수 있는 것을 목표로 한다. 하루 종일 땀 흘려 일한다는 농 사의 개념을 스마트한 농사라고 하는 개념으로 바꾼 것이 다. 이에 따라 농부의 자질과 소양에 대한 개념도 바뀌고 있다.

최근에는 드론(drone)으로 농약을 살포하고 컴퓨 터를 이용해 농지를 관리한다.

더욱이 최근 들어 농업 인구의 고령화, 농업 인력과 농경지 감소 등으로 농업에 위기가 찾아온 데다가 기후변화에 따른 기상이변으로 인한 농사 여건의 문제를 해결할 수 있는 대안으로 스마트 농업이 떠오르게 되었다.

열린 질문

논밭에서 작물을 재배하려면 물이 필요하다. 사막지역에서 농사 짓는 이스라엘의 물 공급 방식은 우리에게 시사하는 바가 크다. 앞으로 다가올 물 부족에 대비하려면 한 방울의 물도 아끼고 효율적으로 사용해야 한다. 지금도 봄비나 여름 장마가 제때 오지 않아 걱정하는 경우가 늘었다. 이런 경우 지하수나 댐에서 물을 공급하는데, 어느 정도까지 농작물에 공급할 수 있을까? 농작물에 얼마나 물이 필요한가? 이런 점에서 이스라엘의 농사 방법을 조사할 필요가 있다.

농업의 개념이 어떻게 변화하고 있는가? 여기에 따른 농부의 모습은 어떻게 달라졌는가? 농부가 갖추어야 할 자질이 있다면 무엇인가?

이제는 우주 시대가 시작되고 있다. 우주에서나 우주여행 기간에도 우리는 먹어야 한다. 우주 시대, 우주여행 시대에 먹거리는 어떻게 공급받을 수 있는가?

진화와 생물의 다양성

「여섯 번째 날」(2000)이라는 영화가 있다. 이 영화는 기독교의 성경에 나와 있는 '여섯 번째 날'에 인간을 창조했다는 것에서 제목을 따온 것이다. 이제는 인간을 복제하는 시대가 되었다. 공식적으로 인간복제는 금지하고 있지만, 소와 개 같은 동물은 복제가 보편화되었다. 가까운 미래에 인간도 살아있는 모습 그대로 복제할 수 있을 것이다. 동일한 인간을 쌍둥이처럼 2명이나 여러 명 만들 수 있다. 왜 인간을 복제하려 하는가? 복제인간도 영혼이 있을까?

우리는 학교에서 진화론을 배운다. 교회에서는 인간이 창조되었다고 한다. 학교에서는 인간이 진화되었다고 가르친다. 다윈이 쓴 책 『종의 기원』이 발간되면서 '진화'라는 개념이 우리 사회를 지배하고 있다. 기독교를 믿는 과학자들 중에서 상당수는 인간이 오랜 세월에 걸쳐 아메바로부터 진화되었다는 이 진화론을 믿는다. 우리는 진화를 어떻게 이해하고 있는가? 진화에 대하여 과학적으로 생각해 보자.

#과학 · 다윈의 진화론과 종의 다양성

다윈의 진화론을 어떻게 설명해야 하는가? 또, 종의 다양성은 어디까지 설명할 수 있을까?

다윈은 갈라파고스 섬에서 다양한 생물체를 관찰하면서 생물종의 유사성과 차이를 설명하는 가설을 세웠다. 『종의 기원』[영어로는 On the Origin of Species by Means of Natural Selection]이라는 책[1859년 발행]에서 자연선택(natural selection)이론을 제시했다. 이에 따르면 변이가 생기면, 환경 변화에 적응한 종(species)만이 살아 남는다. 이러한 변이가 계속되면 새로운 종이 만들어진다.

생명체의 경우 여러 가지 원인에 의해 유전자에 돌연변이가 생길 수 있다. 돌연변이 중에서 환경에 잘 적응하는 생물체만 살아 남는다.

생명체는 변화하는 환경 속에서 살아 남기 위해 스스로 변화하는데, 이러한 능력이 유전자 정보에 내재되어 있다고 생각할

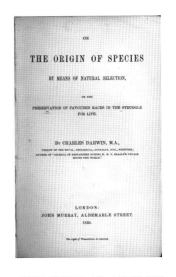

다윈의 책 『종의 기원』 (1859) 표지

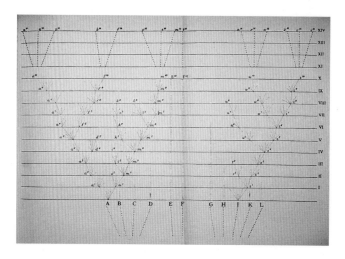

생물다양성을 보여주는 『종의 기원』 삽화

수 있다. 예를 들어 항생제에 내성을 가진 박테리아는 항생제를 투여했을 때 돌연변이가 된 것만 살아남거나, 박테리아가 항생제를 분해하는 효소를 스스로 합성할 수 있다고 생각할 수도 있다. 어떤 것이 맞는가? 둘 다 근거가 있는가? 나아가서 박테리아가 오랜 시간 스스로 변화하면 과연 동물이 될 수 있을까? 이러한 학설이 갖는 한계에 대해서도 논의가 필요하다.

무기물에서 유기물이 생기고, 거기에서 생명체가 나왔다는 오파린의 학설을 어떻게 설명할 수 있는가?

러시아 생화학자 오파린(Aleksandr Ivanovich Oparin, 1894~ 1980)은 생

명의 기원에 대한 가설을 주장했다. 태초의 지구에는 공기, 메탄가스, 물이 있었는데 여기에 번개가 치는 상황이 계속되었다는 것이다. 이런 환경에서 탄소(C), 수소(H), 산소(O), 질소(N)로 이루어진 아미노산 유기물이 합성되었다. 이를 확대하여 생각한 결과, 이 과정에서 단백질이 만들어지고

알렉산더 오파린

더 나아가 원시 생명체가 만들어졌다는 것이 '오파린의 가설'이다.

이후 1953년에 밀러(Stanley Miller, 1930~2007)가 지구의 원시 환경을 모사한 조건에서 실험하여 아미노산의 합성을 확인하였는데, 이로써 오파린의 가설이 인정받았다. 원시적인 지구환경에서 오랜 시간이 지났다고 해서 아미노산이 단백질이 될 수 있었을까? 아메바가 진화하면 사람이 될 수

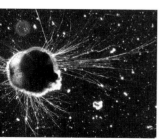

있는가? 이에 관해서는 아직 증명된 것이 없다. 화석을 보고 종과 종 사이를 연결하는 증거라면서 오파린의 가설을 뒷받침한다면 그것이 과학적 사고 방식에 의한 것이라고 볼 수 있는가? '쇠를 오래 두면 강철이 되고, 또 시간이 많이 지나면 시계가 된다'는 비유는 생명의 탄생을 적절히 비유한 것인가? 이에 대하여 생각해 보면 생명의 탄생과 인간의 출현에 관하여 아직 모르는 것이 많음을 느끼게 된다.

고갱 그림 「우리는 어디서 와서 어디로 가는가 Where Do We Come From? What Are We? Where Are We Going?」 (1897) 보스턴미술관 소장

#공학 · 과학기술을 통한 생명합성 가능성

현대 과학기술을 이용하면 생명을 합성할 수 있을까? 어떻게 하면 될까?

지금도 일부 간단한 생명체, 예를 들어 박테리아에 대하여 시도하기 시작하였다. 그러나 DNA에 염기를 넣거나 삭제하는 수준일 뿐이다. 그러나 지금은 인간 유전자의 염기 서열이 알려졌으니 염기서열 구조와 기능에 대한 정보만 얻는다면 새로운 생명체를 만들 수 있을 것이다. 최근 소개된 크리스퍼 유전자 가위 같은 생명공학의 진보가 이러한 연구를 촉진시킬 것이다.

열린 질문

최근에는 지구 이외의 우주에 생명체가 존재할 수 있다는 의견이 제기되고 있다. 생명체가 존재하기 위해 필요한 조건은 무엇인가? 그렇게 만들어진 생명체는 어떤 모습일까?

7

생명공학과 우리 사회

1

바이오 시대의 도래

우주선을 타고 지구 대기권을 벗어나서 지구를 바라본다면 어떤 느낌이 들까? 우주비행사들은 우주에서 바라보는 지구는 매우 아름답다고 말한다. 이러한 지구의 주인공은 그 속에서 살아가는 수많은 생명체다. 그런데 65억 명의 지구인은 우주에서 보는 것처럼 아름답게만 살고 있지 못하다. 우리가 사는 세상도 아름다울 수 있다면 얼마나 좋을까.

우주에서 보는 지구 모습

지구상의 인류는 오랫동안 인류 문명을 발전시켜 오늘날 과학기술문명시대를 열었다. 과학은 크게 물리, 화학, 생물 등으로 나눌 수 있다. 지구과학 분야는 물리, 화학, 생물과 연계되므로 따로 구별하지 않는 경우가 많다. 지금까지는 물리, 화학에 기초한 전자통신산업[반도체, 스마트폰, 가전제품], 기계산업[자동차, 조선], 화학산업[정유, 석유화학] 등이 발전하였다. 이제는 생물 즉, 생명과학(life science)에 근거한 바이오산업이 발전하기 시작하였다.

#과학 · 생명과학과 공학의 관계

과학은 자연 현상을 이해하는 데, 공학은 우리 인간 생활에 기여하는 데 그 목표를 두고 있다. 이런 점에서 생명과학과 생명공학은 우리 사회와 인류의 발전에 어떤 영향을 미칠 것인가? 앞으로 우리 사회는 어떻게 변화할까?

우리가 사는 세상은 매우 복잡하다. 행복하게 사는 사람도 있지만, 전쟁과 기아에 고통받는 사람도 많다. 우리가 사는 세상에는 어떤 문제가 있는가? 그것이 나와 무슨 관계가 있을까? 과학기술은 우리 인류 사회 발전에 어떠한 영향을 줄 수 있는가? 특별히 생명과학과 생명공학의 발전이 우리에게 주는 메시지는 무엇인가? 이런 발전이 나의 건강이나 생활과 어떤 관계가 있는가?

생명과학은 생명에 관계되는 현상이나 생물을 연구하여 인류의 건강, 식량, 소재, 환경을 책임지는 과학으로, 인간과 자연의 본질적인 관계를 해명하는 과학이라고 볼 수 있다.

#공학 · 생명공학기술의 역할

오늘날 우리 지구촌의 문제로 무엇이 있는가? 이와 관련하여 과학기술이 어떤 역할을 할 수 있는가?

지구촌 문제는 크게 전쟁과 테러, 질병, 기아와 빈부격차, 지구온난화와 환경오염 등으로 나누어 생각할 수 있다. 이 문제를 해결하기는 그리 쉽지 않다. 그래서 유엔(UN)을 비롯하여 여러 국제기구와 단체를 만들어 이를 해결하기 위해 적극 나서고 있다. 과학기술이 지닌 한계에도 불구하고 과학기술의 발전으로 해결의 실마리가 풀리는 경우도 많다. 예를 들면 새로운 치료제 개발로 많은 사람이 질병을 예방하고 치료할 수 있게 되었다고 해도, 아픈 사람이 전혀 생기지 않는 것은 아니다. 과학기술의 기여와 그 한계에 관한 사례는 많이 있다.

　지구촌 문제를 해결하는 데 기여하고 있는 과학기술이 지닌 한계는 무엇인가? 장기적으로 그 한계를 극복하는 데 필요한 것은 무엇인가? 그런 아이디어가 있다면?

　지구촌의 문제를 해결할 수 있는 과학기술이 있더라도 실제 관련자가 혜택을 받을 수 있느냐 하는 *생명과학은 생명에 관계되는 현상이나 생물을 연구하여 인류의 건강, 식량, 소재, 환경을 책임지는 과학이다.* 것은 별개의 문제다. 경제적인 이유나 정치적인 논리에 의해 혜택을 받지 못하는 경우가 많다. 예를 들어 과학기술의 발달로 식량을 충분히 생산할 수 있고, 또 식량이 충분히 있더라도 빈곤한 나라와 생계가 어려운 개인에게 전달되는 것은 현실적으로 별개의 문제다. 온실가스를 줄일 수 있는 기술이 있어도 기후변화협약을 통해 실천하는 것도 국제간의 이해관계가 얽혀 있어 그리 쉽지 않다. 그래도 더 좋은 과학기술의 개발로 그 혜택이 필요한 곳에 갈 수 있도록 인도적 · 경제적 · 정치적인 배려를 하려는 노력을 지속한다면 개선할 수 있을 것이다.

　생명공학기술이 세계의 문제를 어떻게 해결할 수 있을

까?

생명공학기술은 질병, 식량, 소재 등과 관련된 분야에 기여할 수 있다. 예를 들어 농업기술을 발전시켜 식량을 대량 생산할 수 있게 하고, 아픈 사람들의 질병을 고치거나 예방할 수 있는 기술을 꾸준히 개발하며, 친환경적 소재를 저렴한 가격에 사용할 수 있도록 노력하고 있다.

농업기술을 발전시켜 식량을 대량 생산할 수 있게 하고, 아픈 사람들의 질병을 고치거나 예방할 수 있는 기술을 꾸준히 개발한다.

열린 질문

우리 지구촌의 문제를 해결하는 데 가장 중요한 것은 무엇인가? 기술적인 방법 이외에 어떤 방법이 필요한가?

문제를 해결하려면 무엇이 문제인지를 정확히 인식하고 그것을 해결하려는 마음가짐(mindset)부터 갖추어야 한다. 이러한 마음은 인간을 사랑하고 생명을 귀하게 여기는 인간존중의 가치관 교육을 통하여 계발할 수 있다. 또 이러한 문제는 혼자가 아니라 다같이 노력하려는 협동정신을 갖추어야 해결할 수 있다.

생명공학시대를 준비하는 인재에게 필요한 자질은 무엇인가? 위에서 언급한 바와 같이 인재에게는 인간존중의 가치관과 협동정신이 기본적으로 필요하다. 그리고 전공 분야에 관한 기초 지식과 다른 분야와 접목할 수 있는 융복합적 사고가 필요하다. 이 모든 것은 전공 관련 호기심에서 출발해야 새로운 것도 발견하고, 창의적 사고를 발휘할 수 있다.

2

바이오 산업과 경제

미국의 듀폰은 나일론으로 유명해진 세계 최고의 종합 바이오기업이다. 1802년 설립 이후 초기에는 전쟁에서 사용되는 화약을 제조하여 부를 축적했다. 1920년대 나일론을 발명하여 세계를 놀라게 하였는데, 이 소재로 만든 의류와 스타킹이 굉장히 인기를 끌었다. 그 이후 연구개발을 계속하여 플라스틱과 화학제품을 생산하여 세계 최고 수준의 화학기업이 되었다. 그런데 듀폰은 지금 세계적인 바이오 회사로 탈바꿈했다. 바이

듀폰의 화약을 운반하던 마차

오 부문의 매출액이 화학부문의 매출액보다 많기 때문이다. 1973년 발표된 유전자 조작기술은 화학회사를 바이오 회사로 변화시키는 계기가 되었다.

1973년 유전자조작기술이 보고된 이후 새로운 기술이

개발되면서 이것을 사업 아
이템으로 한 벤처 회사가 많
이 설립되었다. 제약회사도
이와 관련된 기술을 접목하
여 새로운 의약품을 연구하
기 시작하여, 초기에는 화학

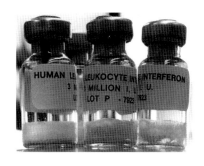

인터페론 약병

합성으로 생산이 어려웠던

단백질의약품을 개발하는 연구를 진행했다. 그 결과 암젠
(Amgen), 제넨테크(Genentech) 등과 같은 회사를 중심으로 인슐
린, 인간성장호르몬, 인터페론(interferon) 등의 단백질치료제
를 유전자조작기술로 생산하고 있다. 지금은 우리나라에
서도 이와 관련한 연구를 활발히 진행하고 있다.

생명과학과 공학의 새로운 지식이 바이오산업을 활
성화하여 새로운 일자리와 먹거리를 제공하고 있다. 이
러한 바이오산업이 경제를 이끄는 것을 '바이오경제', 바
이오기술과 산업이 경제 단계를 넘어 우리 사회를 이끄
는 것을 '바이오사회'라고 부른다. IT(information technology) 또는
ICT(information and communications technologies) 기술이 주도하는 정보화
사회가 앞으로는 BT(bio technology)가 주도하는 바이오사회가
될 것으로 전망된다.

#과학 · 유비쿼터스 의료사회

우리 사회가 어떻게 되기를 바라는가? 예를 들어 지금
까지는 다치거나 아프면 병원에 가서 치료를 받아야 하지
만, 미래에도 그렇게 해야만 할까?

우리는 질병 없는 사회에서 건강하게 살아가기를 바란
다. 적절한 영양분을 섭취할 수 있는 식량과 먹거리를 공급
받고, 공해 없는 환경에서 생활하며 질병 예방과 조기 진단
후 치료가 이루어지는 세상을 꿈꾼다. 특히 미래 사회에서
는 질병을 예방하는 백신, 질병을 조기진단하고 치료할 수
있는 기술 등이 개발되어 언제 어디서든 진단과 치료를
받을 수 있는 유비쿼터스 의료사회에서 살 수 있기를 기
대한다.

유비쿼터스 의료사회에 필요한 기술과 환경은 무엇인
가?

현재는 캐나다, 호주 등 국토면적이 넓은 나라에서 유
비쿼터스 의료가 중요해지고 있으나 앞으로는 IT기술의
발달로 모든 국가에 유비쿼터스 의료시스템이 보급될 것
이다. 평소에 건강 상태를 점검하고 필요할 때는 병원에 가
지 않고도 의사와 상담할 수 있다. 이것을 유비쿼터스 의료

시스템이라고 하는데, 그 필요성을 인지하고 관련 기술을 개발·보급하려는 의지가 있어야 가능하다. 건강상태를 원격 진단하고 의사와 의료시스템에 연결하는 기술은 물론 이와 관련된 사회적인 합의도 매우 중요하다. 이때 사회적 약자를 배려하는 마음이 병행되어야 한다. 그렇지 못하면 기술의 발전이 부자만을 위한 것이라는 오해를 받을 수 있기 때문이다. 기술 개발 초기에는 비용이 많이 들기 때문에 소수가 혜택을 볼 수밖에 없다. 그러나 더 나은 기술이 개발되고 그 사용이 확대되면 점점 비용이 줄어들어 누구나 혜택을 받을 수 있다.

> 기술은 물론 이와 관련된 사회적인 합의도 매우 중요하다. 이때 사회적 약자를 배려하는 마음이 병행되어야 한다.

생명과학과 생명공학이 산업·경제 발전에 미치는 영향은 무엇인가?

의료산업, 제약, 화학, 농업, 환경 등 여러 분야로 생명과학과 공학기술이 영향을 미치고 있으며, 이와 관련된 바이오 벤처기업과 중소기업이나 대기업의 사회적 역할도 중요해지고 있다. 일자리 창출과 경제적인 먹거리 제공이 이에 해당된다. 그리고 교육기관, 연구소, 검사기관, 특허변리사, 투자회사 등 다양한 직업이 이를 뒷받침해야 한다.

#공학 · 생명 과학과 공학의 발전

생명 과학과 공학의 발전을 저해하는 요소는 무엇인가? 세계화 관점에서 경쟁력이 있으려면 무엇이 필요한가? 그 발전을 촉진하는 방법으로는 무엇이 있을까?

생명 과학과 공학기술 개발이 우리가 직면한 여러 가지 문제를 풀어내는 출발점이 될 수 있다. 이는 우수한 인재가 있어야 가능하다. 따라서 인재 교육과 기술개발에 대한 투자를 아끼지 말아야 한다. 생명 과학과 공학에 필요한 인재 양성과 관련 기술 개발에 대한 무관심이야말로 이 분야 발전을 저해하는 요소라고 할 수 있다. 또한 다양한 전공 실력을 갖춘 인재들이 국제협력을 통해 적극 참여해야 한다. 이에 동참하는 것은 인류를 위한 길이고, 이 과정에서 맛보는 행복은 무엇과도 바꿀 수 없기 때문이다. 이러한 노력으로 우리나라도 바이오산업강국으로 나아갈 수 있을 것이다.

> 생명 과학과 공학기술 개발이 우리가 직면한 여러 가지 문제를 풀어내는 출발점이 될 수 있다.

열린 질문

미국의 종합바이오회사 듀폰은 어떻게 성장했을까? 그리고 우리나라의 바이오 관련 기업은 어떤 변화와 발전을 보이고 있는가? 예를 들어 셀트리온, 삼성바이오로직스, 한미약품, LG화학, CJ제일제당 등의 기업을 조사하여 우리나라 바이오 산업의 변화와 발전 과정을 알아보자.

3

바이오 사회의 이슈

영화 속의 상상이 현실로 나타나는 경우를 볼 수 있다. 오래전에 개봉된 공상과학 영화 중에서 많은 부분이 실현 되었거나 관련 연구가 진행되고 있다. 영화를 보면 미래 사회에 대한 우리의 상상력이 얼마나 놀라운가를 알 수 있다.

예를 들어 영화 「가타카」 (Gattaca, 1997)를 생각해 보면 어떨까? 영화 제목 '가타카'는 DNA 유전자의 염기서열의 일부를 표시한 것이다. 타고난 개인의 유전자에 따라 자기의 진로와 직업이 제한 받는 미래사회를 다룬 영화다. 유전자 때문에 교사나 연구원이 될 수 없다면 얼마나 끔찍할까.

영화 「가타카」

이 영화는 재미와 함께 여러 생각을 하게 만든다. 「가타카」 내용과 관련하여 다음과 같은 것을 생각해 보자.

만약에 유전자를 바꿀 수 있는 기술이 가까운 장래에 개발된다면 그 기술로 자신의 유전자와 아이의 유전자를 조작할 것인가? 유전자 조작은 어떤 경우에 허용되어야 하는가? 꼭 필요하지만 경제적인 이유로 하기 어렵다면 사회는 어떻게 해주어야 하는가? 그 비용을 국민 세금에서 부담하는 것이 바람직한가?

유전자를 바꿀 수 있는 기술이 가까운 장래에 개발된다면 그 기술로 자신의 유전자와 아이의 유전자를 조작할 것인가

이러한 내용을 참고하여 사업을 할 수 있을까? 어떤 사업이 가능한가? 어떤 전공자를 직원으로 채용할 것인가?

미래에 유전정보가 투명하게 공개되는 세상에 살게 된다면, 우리 삶은 어떠하겠는가? 잠재적 고용주와 보험회사가 이런 정보에 쉽게 접근하는 것이 바람직하다고 생각하는가? 유전 정보는 어느 정도까지 공개할 수 있을까?

당신은 유전적인 본성이 중요하다고 생각하는가? 아니면 성장환경이 중요하다고 생각하는가?

과학은 자연 현상을 탐구하고 공학은 이를 기술로 개발

하여 인류를 위해 사용할 수 있도록 하는데 목표가 있다. 이것이 가끔은 상호 모순에 빠지게 하는데, 예를 들어 원자탄 개발이 전쟁을 종식시키고 억제하고는 있지만 원폭 피해를 주기도 한다. 생명 과학과 공학의 발달도 이와 비슷한 문제를 일으킬 수 있다.

#과학 · 생명 과학과 공학이 가져올 미래

생명 과학과 공학이 가져올 미래의 우리 사회는 어떤 모습일까?

질병, 식량, 소재, 환경 등의 분야에 생명 과학과 공학이 영향을 미쳐 우리 삶을 많이 바꾸어 놓을 것이다. 질병의 예방과 치료 기술의 발전, 인공종자를 기본으로 하는 스마트 농업 등은 식량 문제를 해결하고, 친환경소재와 환경 문제 해결에 필요한 기술의 개발은 지구환경을 더 쾌적하고 아름답게 만들어 갈 것이다.

채송화, 돌연변이로 꽃색이 달라졌다.

바이오 관련 영화를 통해 미래 사

회를 예측해 보면 어떨까?

「쥬라기 공원」(Jurassic Park,
1993)

「스파이더 맨」(Spider-Man, 2002)

「아일랜드」(The Island, 2005)

「엑스-맨」(X-Men, 2000)

「가타카」(Gattaca, 1997)

「스플라이스」(Splice, 2009)

「여섯 번째 날」(The sixth day,
2000)

「레지던트 이블」(Resident Evil, 2002)

「특별 조치」(Extraordinary Measures, 2010)

이 영화들 중에서 관심있는 영화 한두 편을 골라 감상하고 의견을 나누어 보자. 어떤 질문이 떠오르는가? 아래 내용을 참고하여 질문을 더 만들어 보는 것도 좋다.

- 영화의 줄거리를 간단히 이야기하면?
- 영화가 주는 메시지는 무엇인가?
- 영화의 소재가 되는 생명공학 기술은 무엇인가?
- 다른 기술은 어떤 것들이 있는가?
- 생명공학 기술을 개발하기 위하여 알아야 하는 과학적 지식으로 무엇이 있을까?
- 인간 존중과 생명 존중 입장에서 이 영화가 주는 메시지는 무

엇인가?

- 생명존중을 가능하게 할 수 있을까?
- 그러한 일을 하는 것이 비즈니스, 사업이 될 수 있을까?
- 이 영화의 후속 편을 만든다면 어떤 스토리가 좋을까?
- 후속 영화에서 소개할 수 있는 새로운 기술은?
- 기타

영화를 감상한 뒤 이러한 질문에 대답하면서 친구들과 의견을 나누어 보자. 그런 다음 이 과정에서 나온 대답과 생각을 정리하면 창의적이고 융합적 사고, 윤리적인 견해, 사업에 대한 감각, 과학과 공학의 연계성 등에 대하여 이해가 한 단계 높아질 것이다.

문학작품 속 상상이 현실로 나타나고 있다.

문학작품 특히 공상과학소설(SF)에는 다양한 소재들이 사용된다. 그 중의 하나가 생명공학기술과 관련된 작가의 상상력이다. 일반적으로 작가는 과학자가 아니라서 기술 개발에 *공상과학소설(SF)의 생명공학기술과 관련된 작가의 상상력이 현실로 나타나고 있다.* 대한 기대는 그리 크지 않지만, 그들의 상상력은 시간이 갈수록 하나둘씩 현실이 되어가는 것을 느낄 수 있다. 오래전에 러시아의 철학자 피오도로프 (Nikolai Fyodorovichi Fyodorov 1829-1903)가 인공 장기의 필요성을 제시한 적이 있다. 오랜 시간이 흘러 지금은 다양한 인공장기가 개발되었고 또 개발 중에 있다. 1913년에 발표된 소설 『My Quest in the Artic(나의 북극 탐사)』에서는 장기 이식을 소재로

다루었고, 1970년작 『Bay of Noon(정오의 베이)』은 두뇌 이식을 소재로 했으며, 1975년 작 『Shivers(전율)』에서는 장기 이식을 소재로 다루었다.

이와 같이 많은 공상과학소설과 같은 문학작품에서 과학기술 특히 생명공학기술에 대한 작가의 상상력이 나타나 있다. 더욱이 이러한 작가의 상상력이 점차 실현되고 있다는 사실이 흥미롭다. 앞으로 생명공학기술이 어떻게 전개될지 예측해 보려면 영화는 물론 문학작품을 조사해보는 것도 의미가 있을 것이다.

인공망막을 연구한다.

#공학 · 생명공학 관련 윤리문제

생명공학과 관련된 윤리적 문제로는 무엇이 있는가?

의료 분야에서 대리모, 배아줄기세포, 인공베이비(유전자 성형), 그리고 인간복제 등을 둘러싼 논란, 제약분야에서 비경제적이지만 필요한 희귀병 치료제 개발, 농업 분야에서 GMO 식품의 안전성, 그리고 친환경소재와 바이오에너지 개발이 가져올 수 있는 열대우림의 파괴, 환경보전을 위한 경제성장의 저하 등이 윤리적 문제로 제기되고 있다.

제로드 필드 Jerrod Fields
2009년 장애인 경기에서 100미터를
12.15초에 달려 금메달을 획득했다.

이 문제에 대하여 우리는 어떻게 대처해야 하는가?

무엇보다 생명 사랑을 그 해결의 출발점으로 삼아야 한다. 생명과 자연환경을 경시하는 분위기에서는 올바른 해결책을 찾기 어렵다. 생명을 존중하고 전쟁과 테러를 막으려는 의지, 사회적 약자를 먼저 생각하는 자세에서 따뜻한 사회 분 위기가 형성될 수 있

다. 이를 바탕으로 하여 기술이
개발되고 사용되어야 우리
모두가 건강하고 행복할 수
있다.

옛 무덤에서 나온 인공 발가락(이집트박
물관 소장)

열린 질문

지금까지 생명과 인간 존중, 약자를 고려하는 사회분위기 형성, UN과 같은 국제기구의 노력이 이러한 논란을 해결하는 데 얼마나 기여하고 있는가? 근본적이고 종합적인 대책이 있다면 무엇일까? 우리 사회가 그런 사회가 될 수 있을까?

4

생명과학과 노벨상 연구

　　노벨상 수상은 개인에게는 물론 국가에도 영광스러운 일이다. 그러나 우리나라는 과학분야에서 아직 수상자가 없다. 그런데도 불구하고 가을만 되면 노벨상에 관한 우리 언론의 관심은 높기만 하다. 노벨상(Nobel Prize)은 스웨덴의 화학자 알프레드 노벨(Alfred B. Nobel, 1833~1896)이 '인류복지에 가장 구체적으로 공헌한 사람들에게 나누어 주라'는 유언장에 따라 유산을 기금으로 하여 1901년에 제정된 상이다. 매년 물리학, 화학, 생리학·의학, 경제학, 문학, 평화 등의 6개 분야에서 인류에 공헌한 사람이나 단체를 선정하여 수여한다. 노벨상 시상 분야에서 노벨생리학·의학상 그리고 노벨화학상이 생명 과학과 공학 분야에 관련되어 있다. 특별히 생리학·의학상은 "생리학 또는 의학 분야에서 가장 중요한 발견을 한 사람"에게 수여하라는 노벨의 유언에 따라 지정된 것으로 생명과학분야와 연관되어 있으므로 그 주요 수상 배경을 살펴보는 것은 의미 있는 일이다.

#과학 · 노벨상 생리학 · 의학상의 배경

노벨상을 수상한 생명 과학과 공학 분야의 연구 주제를 분류한다면 무엇이 있을까?

그 분류 기준은 주관적이다. 예를 들어 기초 연구와 응용 연구로 분류할 수 있고, 또 다른 기준으로 분류할 수도 있다. 다음과 같이 분류할 수도 있다.

(1) 시대적으로 중요한 이슈를 연구한 것

시대적으로 궁금하거나 풀어야 할 과제를 연구할 수 있다. 그러한 주제는 여러 사람이 공동으로 연구하기 마련인데, 그러다가 누군가가 먼저 답을 찾기도 한다.

1968년 『이중나선』 초판 표지

(예) DNA 구조 : 오래전에는 사람들이 DNA의 구조에 관심을 두었기 때문에 이에 관한 연구가 많이 진행되었다. 이미 1954년 노벨화학상을 수상한 바 있는 미국의 폴링(Linus Carl Pauling, 1901~1994)은 단백질의 삼중나선 구조를 제시하기도 했으나

후에 잘못된 것으로 밝혀졌다. 제임스 왓슨(James Watson)과 프랜시스 크릭(Francis Crick)이 1953년에 발표된 이중나선 이론은 9년 뒤 생물학계의 가장 중요한 수수께끼를 푼 공로를 인정받아, 노벨상을 수상했다. '이중나선'이라는 결과를 제시하고 그것이 학계에 널리 받아지면서 그것이 후속 연구의 기반이 되었다.

(예) 효소 작용 메커니즘 : 효소(enzyme)가 어떻게 작용하는지를 밝히는 연구가 이루어졌다. 이 과정에서 효소는 열쇠와 자물쇠처럼 작용한다는 연구 결과와 후에 이를 보완하기 위한 유도맞춤모델(induced fit model)이 제시되었는데 모두 노벨상을 수상하였다.

(2) 자기 연구분야에서 획기적인 아이디어

모든 사람이 그 시대에 중요한 과제만을 연구할 수는 없다. 연구 주제는 얼마든지 많으므로 연구자가 흥미를 느끼는 분야를 연구하면 된다. 그러다가 중요한 연구 결과를 얻을 수 있는데, 이것이 연구의 돌파구를 제시하는 획기적인(breakthrough) 연구 결과라면 더욱 의미 있을 것이다.

(예) 2018년 노벨화학상을 수상한 미국의 프랜시스 아널드

(Frances H. Arnold)는 특정 기능을 갖는 효소를 무작위로 변이시켜 짧은 시간 안에 원하는 대로 개량시키는 유도진화(directed evolution)기술을 개발했다. 효소를 어떻게 개량해야 할까? 그러기 위해서는 효소단백질의 어떤 부분, 어떤 아미노산을 어떻게 바꾸어야 할까? 이것이 1980년대의 주요 관심사였다. 그래서 아미노산을 하나씩, 둘씩 바꾸어 가면서 더 좋은 효소를 찾는 연구를 진행했다. 좋은 효소가 언제 만들어질지는 알 수 없었다. 그럴 때 아미노산을 무작위로 바꾸면서 수많은 변이 효소를 만들고 그 중에서 우수한 효소를 찾아내는 방법을 제시한 것이다.

(3) 한 연구에 매진한 결과

과학이 좋고 재미있기 때문에 연구하는 것이다. 여기에 자연의 비밀을 하나씩 규명해가는 즐거움도 있다. 그러다가 얻어진 여러 가지 결과가 전혀 예상하지 못한 분야에 응용되고 과학과 기술의 발전을 촉진시키기도 한다.

(예) 일본의 해양생물학자인 시모무라 오사무(Osamu Shimomur)는 해파리 '에쿼리아 빅토리아'(Aequorea Victoria)가 빛을 내는 현상이 흥미로워 연구하다가 그 빛이 녹색

형광단백질(GFP, Green fluorescent protein)임을 밝혀냈다. 누가 해파리 연구가 중요하다고 생각했을까? 그 이후 생명 과학과 공학 분야 연구에 많이 활용되면서 그 가치가 별도로

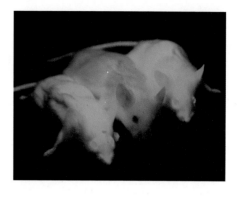

정상 쥐(가운데)에 비해 녹색형광단백질이 있는 쥐. UV를 쪼이면 형광빛을 낸다.

인정되어 2008년 노벨상을 받았다.

#공학 · 이 시대의 연구과제

무엇을 연구할 것인가? 무엇이 중요한지 어떻게 판단하는가?

새로운 아이디어도 중요하지만 그 결과가 과학과 기술의 발전, 더 나아가 인류의 발전에 기여할 수 있는지도 중요하다. 그런 가치를 어떻게 발견할 수 있는가? 그것은 논문 인용 정도와 전문가들의 의견을 종합하면 판단할 수 있다.

연구자는 어떤 자세를 가져야 하는가?

연구자라고 모두가 노벨상을 받고자 연구하는 것은 아니다. 또 모두가 받을 수도 없다. 쓸모 있는 연구를 하는 것이 무엇보다 중요하다. 연구자 스스로 흥미를 갖는 분야를 선택하여 연구해야 한다. 상을 타는 것보다 연구자가 기쁨을 느끼며 작은 결과라도 과학기술의 발전에 기여할 수 있다면 되는 것이다. 작은 결과들이 모여 세상을 변화시키고 발전시킨다. 쓸모 없는 연구는 남의 연구를 흉내 내거나 그 결과가 우리 사회(과학, 기술)에 기여하지 못하는 것이다. 논문을 영어로 'paper'라고 하는데 쓸모 없으면 단순 휴지 'paper'가 된다.

연구하고 싶은가? 그렇다면 지금 우리 시대에 중요한 과제는 무엇이라고 생각하는가? 그리고 정말 하고 싶은 연구는 무엇인가? 무엇에서 흥미를 느끼는가? 이런 생각을 하며 연구 분야와 과제를 정한다. 어

연구하고 싶은가? 연구하고 싶고 흥미를 느끼는 분야와 주제를 잡는 것이 중요하다.

떤 경우에는 이미 세계적인 대가들이 관련 연구를 진행하고 있으므로 그들과 경쟁해야 할 수도 있다. 물론 쉽지 않은 일이다. 그렇다고 하더라도 연구하고 싶고 흥미를 느끼는 분야와 주제를 잡는 것이 중요하다. 그 분야에서 해결할

과제가 많다면 더욱 좋다. 단순히 좀 더 나은 연구 결과를 얻는 것보다는 의미 있는 연구를 수행하는 것이 더 중요하다. 연구가 재미있다면 그 자체만으로도 인생을 즐길 수 있다. 그러다 보면 쓸모 있고 획기적이며 문제 해결의 돌파구가 되는 연구 결과를 얻을 수 있다. 단, 한 우물을 파야 한다. 초기에는 연구 분야를 바꿀 수도 있다. 그러나 자주 바꾸어 이도 저도 못하는 우를 범하지는 말자.

과학자로서 내가 거둔 성공은 복잡 다양한 심적 자질과 상태에 어느 정도든 영향을 받았다고 생각한다. 그 중에서도 가장 중요한 것은 과학에 대한 사랑이었다. 사실을 관찰하고 수집하는 이 분야에서 주제가 하나 생기면 오랜 시간 동안 무한정 참을 수 있는 능력이 필요했고, 상식뿐 아니라 어느 정도의 창의성도 필요했다. 내가 가진 정도의 평범한 능력으로 몇 가지 중요한 문제에 대해 과학계 인사들의 믿음에 상당한 영향을 끼쳤다는 것이 정말 놀라울 따름이다.

1876년 8월 3일
찰스 다윈의 자서전 마지막 대목

열린 질문

노벨상을 수상한 연구들 중에서 어떤 과제에 관심이 가는가? 몇 가지를 선정하여 어떻게 수상했는지를 조사해 보자. 지금 연구를 수행한다면 어떤 연구를 수행하는 것이 좋을지도 생각해 보자. 앞으로 연구자나 과학자가 되려는 사람이라면 무엇을 연구할지 그 방향을 결정하는 데 참고가 될 것이다.

피카소 「거울 앞의 소녀」

훌륭한 미술작품이란 새로운 화법으로 의미 있는 메시지를 전하는 것이다. 연구도 마찬가지로 창의적인 아이디어로 의미 있는 결과를 만들어내는 것이다.

5

생명과학과 직업

저자는 중학생 때 생물에 관심이 많았다. 당시 생물선생님이 유전과 유전자에 관해 설명해 주셨는데 무척 재미있었기 때문이다. 그래서 고등학교에 들어가서는 생물반에 가입하여 식물과 곤충 채집도 하면서 생물에 대한 관심을 키워갔다. 내가 대학에 들어갈 때는 공과대학에 생물공학과가 없었다. 그래서 화학공학과[현재는 화학생물공학부]로 진학하였다. 졸업을 앞둔 4학년 때 생물화학공학 과목을 정말 재미있게 수강한 기억이 있다. 그 후 박사과정에서 생물화학공학을 공부했다. 교수가 되고 30년 이상을 생물화학공학과 생물공학을 가르치고 연구해 왔다. 지금도 생명과학(생물)과 생명공학은 재미있고, 이와 관련된 논문을 읽고 생각할 때마다 가슴 뛰는 기쁨을 느낀다. 그러다 보니 좋은 결과도 얻었다. 그렇게 사는 것이 인생의 즐거움이요 보람이 아닐까.

자기가 좋아하는 것을 하면서 살 수 있는 것만큼 행복한 게 또 있을까? 좋아하는 것을 하면 일 자체가 즐겁고 성과도 좋다. 생명 과학과 공학에 관련된 직업으로는 무엇이 있을까?

생명 과학, 공학 분야 직업에는 다음과 같은 것들이 있다.

1. 대학교수, 과학교사
2. 연구원
3. 회사에서의 기획, 연구, 개발, 판매 등에 관련된 업무
4. 병원에서 환자 치료, 검사 등
5. 벤처 창업, 기업 경영 - 여기에는 농업도 포함
6. 공상과학 만화, 영화, 게임, 소설
7. 과학기술분야 공무원
8. 변리사, 투자자문
9. 기타 - 기술정책, 과학기자 등

생명 과학과 공학의 분야를 생각하면 다음과 같다.

1. 의료, 보건
2. 제약
3. 바이오화학소재와 에너지
4. 식품, 농업
5. 환경보전
6. 국방, 과학수사
7. 생명공학 융합 분야
8. 기타

열린 질문

어떤 일을 하고 싶은가? 어떻게 하면 행복하게 살면서 인류의 발전에도 기여할 수 있는가? 세상에는 수많은 직업이 있다. 어떤 직업을 선택할 것인가? 어떤 것에 마음이 끌리는가? 이러한 질문을 하면서 직업을 선택하고, 일단 선택했다면 최선을 다하여 노력해 보자. 그렇게 살아가는 나의 모습을 그려보자. 얼마나 아름다운 인생인가?

참고 문헌

단행본

유영제, 『생각하는 생물학 강의』, 도서출판 모래, 2013

유영제 박태현 외, 『생명과학 교과서는 살아있다』, 동아시아, 2011

유영제 박태현 외, 『생물공학 이야기』, 생각의나무, 2006

유영제, 『위대한 생명이 이끄는 세상』, 주니어랜덤, 2008

김은기, 『바이오 토크』, 디아스포라, 2015

박태현, 『영화속의 바이오테크놀로지』, 생각의나무, 2008

유영제, 『바이오 산업 혁명』, 나녹, 2019

국경없는 과학기술자회, 『국경없는 과학기술자들』, 뜨인돌, 2013

유영제, 『이공계 연구실 이야기』, 동아시아, 2009

기관, 단체의 홈페이지, 뉴스레터 등

서울대학교 등 대학의 생명과학/공학 관련 연구소

한국생명공학연구원

한국생물공학회

한국공학교육학회

한국바이오협회

한국연구재단

한국과학기술기획평가원

생명공학정책연구센터

한국바이오안전성정보센터

과학기술정책연구원

찾아보기